我穷，可是我很有种

王奋斗●著

新华出版社

图书在版编目(CIP)数据

我穷，可是我很有种 / 王奋斗著. — 北京 ： 新华出版社，2013.10
ISBN 978-7-5166-0658-2

Ⅰ. ①我… Ⅱ. ①王… Ⅲ. ①成功心理 – 通俗读物
Ⅳ. ①B848.4-49

中国版本图书馆 CIP 数据核字（2013）第 236371 号

我穷，可是我很有种

作　　者：王奋斗

出 版 人：张百新　　选题策划：黎靖
责任编辑：李宇　　装帧设计：天下书装

出版发行：新华出版社
地　　址：北京石景山区京原路 8 号　　邮　　编：100040
网　　址：http://www.xinhuapub.com　　http://press.xinhuanet.com
经　　销：新华书店
购书热线：010-63077122　　中国新闻书店购书热线：010-63072012

照　　排：北京顺博制版文化公司
印　　刷：北京爱丽精特彩印有限公司

成品尺寸：170mm × 240mm　1/16
印　　张：16.5　　字　　数：200 千字
版　　次：2013 年 12 月第 1 版　　印　　次：2013 年 12 月第 1 次印刷

书　　号：ISBN 978-7-5166-0658-2
定　　价：29.80 元

图书如有印装问题请与出版社联系调换：010-63077101

目 录

第三章　拼竞争力：力道要久，根基要厚

第四章　聚人脉：范围要广，利益要远

第五章　看市场：眼光要毒，站位要高

第六章　识风险：血性要热，头脑要冷

第一章

看前景：白手起家是穷小子唯一正确的出路

穷小子有什么？穷小子有怎样的前景？

今天的职场年轻人，不妨给自己准备两张表：一张是资源表——你有什么/你没有什么；另一张是未来生活效果图——循规蹈矩做个上班族会是什么样/奋不顾身，积极努力，做个创业族或者拼搏族，又会是什么样。

只有看到今天的资源，你才能明白明天的前景；只有规划好今天，你才能掌握未来。

1. 一问穷小子:你有爹可拼吗

21世纪,第一个十年已经过去了。

不断感受着变化的中国人,忽然发现周围多了这样一个名词——"富二代"。

在德云社的相声里,"富二代"被戏谑为"一只富二代"或者"一坨富二代",观众们报以会心的嘘声和笑声。它折射出"富二代"的社会形象并不佳。

然而,笑声掩盖不了残酷的事实。

在这个时代,比起穷小子,"富二代"们的优势相当明显——从投入和产出比来看,他们和你有天壤之别。

差异何来?

首先是家庭背景不同。改革开放初期,大浪淘沙,有人坚守自己既有观念,结果发现旧日子一去不复返,社会变化就好像楼市价格上涨那么迅猛，也有人当机立断，选择创业，守得云开见月明。多年后人们发现原来那时候挣钱不算难。

当一切尘埃落定，社会阶层格局越来越清晰时，人们手中的财富出现了明显的差距，这已经是不争的事实。

更关键的是，传统文化的影响却始终没有变。

对于中国人来说，父母永远是孩子坚强的靠山，永远是他们面对人生风浪时可以休憩的港湾。同西方人长到18岁就离开家门独立生活的习惯不同，中国父母们喜欢尽力给孩子提供一切，从物质到关爱，从人脉到经验。

这一点，是伟大的，因为这种感情源自人性；但这一点，又是可悲的，因为它将改变无数的游戏规则。

因为没有背景，与“富二代”竞争时，穷小子很吃亏。

对于出身于工薪阶层家庭的孩子们来说，从父母那里，他能得到健康的身体，宝贵的教育机会，父母的经验和教训，但唯一得不到的，是可以拿出去和别人比拼的“实力”。

对于工薪阶层家庭来说，他们没有足够的金钱购买一切，也没有足够的权力运作一切。“富二代”们高中毕业后，可以选择进入家族企业工作，但普通孩子们却跟随父母背着蛇皮袋去高校报名；“富二代”们从三流大学毕业进入商界圈子混管理，普通孩子们正在省下每一块钱缴房租……

2012 年的两则新闻，证明了上面所列举的种种差异千真万确存在——

天涯论坛上，一篇《看到老妈给我的嫁妆哭得稀里哗啦》的帖子火了。

帖子的主人公N是一位女生。她是地道的四川人，父母只是普通工人。大学毕业后，这位女生选择留在北京工作，和她同样是“北漂”一分子的男友，共同辛苦打拼，终于买下了燕郊的住宅，将要恬淡幸福地开始他们的幸福生活。

结婚前，N的母亲特意从四川过来，帮小两口筹办婚事，跟她一起来的是大包小包的行李。当N打开包裹后，她的眼泪顿时如泉涌出，原来，母亲将香肠、腊肉满满地装进了大包裹中——足足有30斤。

母亲不好意思地解释说，除了买房首付我们支持的八万块和奶奶留给你的一块玉，家里就没什么钱做嫁妆了，知道你们喜欢吃香肠，所以我特意带了一大包过来，还是专门请亲戚朋友帮忙做的呢……

几乎是同时，福建晋江某集团的掌门人也火了。

这位成功的商人为他新婚的女儿开出这样一份令人瞠目结舌的嫁妆单：一辆劳斯莱斯、一辆奔驰、价值一个亿的股票、一个亿的现金和一栋市价4000多万的别墅。

这不禁让我们感叹：在传统、亲情和人性面前，我们真的分得清楚30斤香肠和2亿元孰轻孰重吗？

穷小子必须知道，你的父母很平凡，平凡到只能给你浓厚的爱，不能直接给你物质、成功和财富。在这个时代，要想有过人的前途，你必须学会靠自己。

当然，在努力的过程中，穷小子也应该学会看到家庭给予你的特殊财富。

财富不只表现为金钱、股票和住宅。比如，你来自一个好学家庭，父母给不了你真金白银，却给了你读书学习、搜集信息和分析材料的能力；你来自一个底层家庭，父母给不了你优秀教养，却给了你吃苦耐劳的精神、团队协作的意识和友好沟通的习惯；甚至你来自一个家徒四壁的家庭，你也应该学着昂起头，大声告诉自己：我的父母给了我一张最白的白纸，让我在那上面描绘出最美好的图画，让我有充分的动力和勇气来面对人生！

在努力的过程中，必须还要学着看见父母给予你的支持。因为所谓的支持，并不一定就是帮助你铺好所有的道路。当逐渐老去的父母只能给你一句句看似无用的关切话语时，你听到的应该是家人的期盼和祝福，你应该学着笑一笑说“有我呢”；甚至当父母因为过高的期望而对你提出看起来很难实现的目标时，你也应该抹去泪水，告诉自己：“我能行！我可以！”

自古寒门出贵子，从来纨绔少伟男。与其抱怨自己没有成为“富二代”的好运，不如行动起来，让自己变成“富一代”，让这辈子本来就没有享过福的父母，在晚年时能享受你亲手为他们打造的幸福生活。

而这一切，都将从穷小子学会独立拼搏开始！

2. 二问穷小子:你有富可炫吗

莫笑少年穷,然而,在这个时代,笑少年穷的往往都是少年自己。"搬砖"、"卖血"、"求养活"……各种各样的自嘲层出不穷。一时间,似乎很多年轻人都认定自己是贫穷者。

比起事业有成者,他们确实并不富裕。

某位80后作家G从来都是舆论的焦点,他创作了不少优秀的青春文学作品,这些作品风靡全国,长销不衰。随着G作家知名度的提高,收入翻番增长,成为了新一代文学爱好者的典范。

值得注意的是,这位作家在个人微博上经常喜欢炫耀他随身携带的奢侈品。而在最近曝光的新闻中,他更是轻松地晒出了个人的天价豪宅照片,从沙发到家装再到落地玻璃窗,无不显示出每平方均价11万的风光与价值。

这次微博上的曝光,让他饱受炫富的诟病。但他却在微博中回应,这些照片并不是他有意而为，而是一些媒体朋友在他家作客时给他拍摄采访照片，他觉得不错，所以只是拿来与大家分享而已。

G作家坦言，这一切都是他靠自己的努力而得来的，并非源于不劳而获。

炫富的行为虽然饱受争议，但他最后一句话却是铿锵有力：自己的劳动所得，为什么不可以大大方方地在自己的微博上展示呢？

名车、名表、名贵物品，这些普通人想都不敢想的东西，成功者唾手可得；成功者出入各种高档场所，住进海景别墅度假，过得惬意愉悦；反观穷小子们，却只能吃路边摊，穿地摊货，住地下室，骑除了铃铛不响哪里都响的自行车。财产状况不同，生活状况千差万别。

那么，财富到底是什么？

这是一个金融资本横行的时代，个人在这样的浪潮中，只能选择服从。

成功者拥有房产、企业、名车、大把的钞票，财富只是数字，重要的是那种炫耀财富的感觉。工薪阶层迫切渴望财富，对他们来说，哪怕是一间普通的商品住宅房、一次短暂的度假，一件不错的衣服，也是值得炫耀的财富。

鲍德里亚是法国著名的社会学家，他在创作于1970年的《消费社会》一书中这样一针见血地说，所谓奢侈品消费，其目的并不在于实际需要的满足，而是将奢侈的需要不断地制造和刺激出来，并加以满足。人们在这个过程中，所消费的，不仅仅是商品和服务，更在乎的是其“符号象征意义”。这就意味着，越来越多的人将会把消费力的高低作为评价自身价值的标准。成功者拥有巨大的财富，因此，他们很自然地对自己评价过高，并希望获得全社会的认可。这就是他们炫耀财富的心理基础。

那么，穷小子该如何看待他人的炫富和自己的贫穷呢？

需要指出的是，成功者享受着别人没有的东西，只要符合法律，就是无可质疑和反对的。但成功者个人的能力和品德不见得出众——世界就是这样，不会有绝对的公平。

在贫困中长大、辛辛苦苦读完大学的穷小子容易心理不平衡。

其实,这种心理不平衡是完全可以调整的。

对于大多数普通年轻人来说,虽然财富没有到手,但那不应该是望尘莫及的数字,而应该是一个明确的目标,用来鼓舞穷小子那颗想要改变现状、勇于进取的心!

因此,纵然你认为自己在贫困线上挣扎,也无需太过抱怨和反感某些人的拜金主义,这是社会进步过程中必然出现的阶段。更何况,你的贫困只是物质的贫困,而你的精神财富却并不一定匮乏。对于大多数的穷小子而言,财富就是对未来的信心,财富就是你现在的拼搏,财富就是你背后双亲的支持,这些看不见的财富终究会转化为有形的财富。

穷小子应该看到自己拥有的无形的财产,不要拘泥于社会常见财富评价标准。你要明白,当你什么都没有的时候,要相信自己能做到从无到有。

确实,现在的穷小子什么都没有,可能偏居一隅,躲在哪个地下室里吃便宜的盒饭,可能正徘徊在寒冷的街头寻找一份糊口的工作。但是只要不放弃,只要勇于进取,成功一定会到来的。

穷小子们,拿出你的勇气,用双手去创造,将自己身上的无形财富转变为有形财富,和物质上的贫困说再见。相信这一天,不会远的!

3. 三问穷小子：你有人脉可拼吗

当下社会中，“拼爹”是最流行的名词之一。有的人在拼父辈的财产，有的人在拼父辈的背景，但说到底，“拼爹”也是人脉资源的一种。

穷小子没有爹可以拼，也没有靠山可以仰仗，多少会感到绝望——没有金钱，没有机会，甚至没有合适的人来帮助自己成功。

当我们在抱怨现实的时候，经常会抱怨自己缺少金钱，甚至感觉有钱就有了一切。然而，穷小子要追求成功和财富，自己的努力虽然是必须的，但是也离不开人脉资源。

人脉究竟有什么用？

在当下，人脉的重要性不言而喻。可以说，拥有广泛的人脉是一个人能走向成功最重要、最关键的一环。在某种意义上说，当下的中国社会依然是熟人社会，在这样的社会形态中，人脉显得格外重要。

在很多情况下，人脉意味着机会。很多年轻人，并不缺乏才干，也不缺乏胆识，而是缺少足够的机会大显身手。有效的人脉资源可以提供充分的保障，用中国的古话说，就是“得贵人相助”。这种来自“贵人”的帮助，将为穷小子们提供单靠他们自己争取不到的机会。对他们来说，这是成功的第一步。

人脉，还意味从熟人那里争取机会，现实生活中，光靠草根一个人的努力，争取机会往往太难。因为彼此信任的原因，这些机会大多数都会留给熟人，包括常年的合作伙伴。当这种超稳定的社会结构已经形成时，穷小子们要想进取，只能依赖于熟人。

有时候，人脉也意味着资源。一方面，你可以充分利用熟人掌握的资源，降低做事的成本；另一方面，也可以通过资源走一些合法的成功捷径，少走弯路。人脉可以提供的资源，包括提供品牌，提供资金，提供就业的岗位，等等，而这些都是穷小子们最需要的东西。

除了提供上述好处之外，当你遇到困难的时候，还可以向人脉连接网的不同终端求助，在他们的帮助下，穷小子将有可能顺利渡过难关。

应该将注意力倾注在那些有用而且能够帮助自己的朋友身上。俗话说：“三个臭皮匠，顶个诸葛亮。”暂且不说自己认识的人现在对自己有无作用，很多时候，他们给你的帮助是无法预期和预料的。对于普通人来说，能够提供重大帮助的人脉实在是太少了，穷小子们除了上学过程中认识的普通同学、工作中认识的普通同事，可利用的人脉廖廖无几——工薪阶层的父母，平时并不太多来往的亲戚，以及多多少少按照利益原则来进行取舍的朋友们。

难道穷小子甘愿承认自己没有人脉的现实？你没有人脉，难道无法自己去开创和编织？下面的故事将让你有所触动。

一个风雨交加的夜晚，在美国乡村的一间普通旅馆中，走进一对老夫妇，他们是临时想要住宿的。

然而，这座旅馆的客房此时已经被一个社会团体包下了。接待的服务生看见年老夫妇的绝望表情，想到外面风雨交加的恶劣天气，于是主动说："如果二位不嫌弃的话，我可以送二位到我的房间去住宿，虽然我的房间不是什么豪华套间，但是也很干净，因为我要值班，所以我可以在办公室里休息。"

年老夫妇于是接受了年轻人诚恳的建议，并且还因为给服务生造成了不便，连连请求原谅。

第二天，老先生走到前台准备结账，服务生坦率地说："先生，您昨天入住的房间并非饭店的客房，只是我的休息房间，所以您不用支付房费。"

老先生点头称赞说："你应该是每个旅馆老板梦寐以求的员工，或许改天我可以盖一栋宾馆给你。"

服务生很快将这个承诺当成笑话忘记了。但几年之后，他果然收到了这位老先生寄来的挂号信。在信中，老先生愉快地回忆了当年雨夜发生的一切，另外还有一张邀请函和前往纽约的机票，邀请他到纽约游玩。

很快，在抵达曼哈顿之后，服务生在第五街及第三十四街地区遇到了当年的老先生。老先生指着一栋高楼说："这是我为你盖的旅馆，希望你来帮我管理，好吗？"

这位服务生非常惊讶，说："你有什么条件吗，你到底是谁？"

老先生说："我叫威廉·阿斯特，你只是我想要的员工，我对你没有任何条件。"

威廉·阿斯特是当时全美国最富裕的人之一，这座饭店后来也成为纽约最有名的华尔道夫饭店，在1931年投入使用，是纽约市当时的地标，也是各国领导人下榻宾馆的首选。

这位年轻的服务生就是乔治·波特。他成为首任经理，奠定了华尔道夫饭店的基石。

穷小子们经常会抱怨自己刚来城市,不认识什么人;即便认识一些朋友,也是跟自己段位差不多的穷小子。社会上那些达官显贵,名流专家,自己根本没有机会认识——即使有机会认识了,他们也不会帮助自己——但这个故事告诉正在为缺少人脉而发愁的穷小子们,人脉是怎么来的。

其实,每个人在社会当中肯定会接触不同的人,这些人形形色色,在不相熟的情况下,谁都无法确定他们的具体背景、身份特征,很多时候,也许你遇到的可能就是改变你命运的人。那些名人背后所谓的人脉,正是这样在不经意间积攒出来的。

的确,因为手头没有足够的基础资源,穷小子们不可能通过各种高端聚会、私人派对去认识各界领袖和精英,但是穷小子们对人脉的积攒可以靠热情和真诚在茫茫人海中开拓。只要有一个关键的初次相识,以后的路就会好走很多,因为当你上了一个台阶,自然会遇到越来越多有用的人。

人脉是慢慢发展的,穷小子们不必为自己手头缺乏人脉而太过着急,好好生活、努力工作、真诚热情待人,说不定,帮助你打开人脉网的人很快会因为你的努力而出现在身边,并带着你走向成功的道路。

4. 四问穷小子:你的城市生存能力几何

在大自然里生存,需要有生存能力。同样,在城市里生存,也需要足够的生存能力。

城市生存能力,跟网络上流行的所谓“三块钱一天”的生存拓展方式并不完全相同,甚至比后者要求更高。

一个从农村或者小城市来到大城市的普通年轻人，初到城市的那种惊喜,很快就会被车水马龙的喧嚣、地铁的拥挤和令人瞠目结舌的贫富差距冲得无影无踪。很快,年轻人会发现:自己蹩脚的普通话在城市人的标准口音中显得如此不入流，自己的寒酸打扮在城市人的高雅穿着中显得如此不合群,甚至连自己对食物的喜好、对美女的鉴赏品位和对汽车的特殊喜好,都让周围的城市人难于接受。

在穷小子们当年寒窗苦读之余的幻想中,事情并不是这样的,他们一味相信靠拼搏就能适应城市社会,但实际上,在目前的条件下,穷小子们根本没有任何东西可以直接拿出来使用——相反，他们必须先懂得如何在城市里生存下去。

在城市中，穷小子们每天起早贪黑，为的是维持生计。很多时候，他们所面对的不仅仅是生存的压力，还有来自远方父母的期盼和希望，以及来自同龄人比较的压力，来自梦想的压力。在种种复杂的压力下，他们很难专注起来，去培养自己的生存能力。因此，他们买不起房，买不起车，住在最便宜的出租房中，吃着最便宜的食物。一穷二白，靠什么去拼？很多年轻职场人士除了认识自己的住处和公司的地址，对繁华的大城市根本缺少了解，又应该怎样去拼？

不改变自己的生活方式，穷小子们将无法被城市所接受。

换句话说，城市生存能力的培养，最值得重视的应该是穷小子如何实现跨越式的发展，在一段时间里，实现财富的井喷式累积，最后一举成功跻身富人阶层。这是生存能力最核心的问题。当然，这里的财富，并不一定指的是金钱，它可以是人脉，可以是好评，也可以是事业，甚至仅仅是经验。

城市中的生存能力之所以重要，是因为穷小子们生活在不同的城市中，他们需要借助城市积淀的资源，城市发展的机会，学会合群地生存下去，从而实现跨越式发展。

遗憾的是，绝大多数职场草根对城市生存能力缺乏认识。真正掌握了城市生存能力的人，已经利用多种渠道提供的各种资源，开始了各种有效的经济投资，他们很容易在这个过程中发挥出自身能力。而穷小子们在这样的情形之下，究竟该如何走出一条属于自己的道路，提高自己的生存能力？

不妨来看看一位普通穷小子是怎么从无到有的。

一位将近三十岁的小伙子，在偏远的县城生活，较早的婚姻让他已经有了妻子和孩子。但是，他并不喜欢在这个小地方扮演普通打工者的角色。因为很难找到合适的有长远发展的工作，只好靠着父母的资助过活。甚至连孩子的奶粉钱都挣不回来，而他的生活是这样的：每天早上七点钟在家里吃好早饭，就去“上班”，不工作时，他会泡在网吧。晚上七点准时回家，吃顿普通的晚饭。

这就是一个30岁穷小子的无奈生活。他甚至没有足够的用来支撑社交和发展的钱。一贫如洗至此，家庭带来的压力，让他的人生走进逼仄的角落。为了改变这样的生活状态，小伙子来到了大城市。

他很快发现，自己的人生履历苍白得可怜，毫无积累，求职的过程中，屡遭碰壁。一方面，他的年龄有些大；另一方面，他的学历又太低。

一次偶然机会，他听说给建筑工程队联系运渣土可以赚取差价。那时候，各大城市房地产业发展得风生水起，名称迥异、风格不同的楼盘如雨后春笋般崛起，上到大妈、下到小夫妻的排队购房者热情似火，这些只有在城市才能观察到的情况，让这位年轻人看到了大城市的机会，他开始学习掌握城市生存的技能。

他不惜下血本，给自己添置了看起来得体的衣服，并很快学会了当地方言，融入了这个城市的生活圈子。然后每天都在各个工程队的领导办公室之间奔走，遇到过各种各样的困难，也曾因为收不回资金而心急如焚，因为需要垫付资金而常常捉襟见肘。但在这样的经历中，他明白了如何在城市中生存下去。最终，当这些困难都挺过去后，他收获了成功。

现在的他，有了自己的房子和车子，照顾好了自己的老婆和孩子，享受着优越的中产阶级生活。

这是一个很普通的大龄穷小子拼搏奋斗成功的故事。他跟大多数进入城市的草根一样，缺钱，没有房，没有人脉。他一步一滑从县城走到大城市，直到现在，他依然只是城市普通人中的一个。但是，他表现出的对城市生活的主动适应，对融入城市的渴求，却是大多数穷小子成功的典型代表。而最值得借鉴的，是他对城市的了解和对机会的精准把握。

学习掌握城市生存能力，并非无章可循，相反，只要你细心观察城市的生活节奏和生活环境，了解城市的变化方向，就能慢慢发现自己应该如何在城市中生活下去，应该扮演怎样的角色。

在城市生活当中，穷小子不能迷失自我，你应该学会看懂城市背后的运转本质。城市是商业化的区域，在这里，农业文明已经被更加高效、更加具备利益特征的生存方式所取代。因此，穷小子应该学着去发现，城市的运转需要什么，不需要什么，持续更新换代的是什么，穷小子们还应该学会去积极发现城市生活中的新现象，发现城市发展变化所需要的东西，并应该想方设法融入其中，这样，不仅能很快找到自己在城市中的角色，也能挖到第一桶金。

同时，你还应该通过更多手段去跟周围的“城市人”接触，用自己的真诚和热情打动别人。对于城市人来说，或许他们所需要的就是你的这种态度。当你展现出这种姿态时，你周围这些已经融入城市的人，会在日后不经意间给你的事业提供机会和帮助。穷小子们要做的就是凭着勤奋，选取最合适自己的突破口进入城市，用真诚和努力，去迎接城市生活中的每一天。

5. 五问穷小子:你的持续发展力有几何

城市生活中，经常会看到这样一群人，他们衣着华丽，每天开着车,或是在街头咖啡馆的小憩,或是流连于各种酒吧夜店。他们轻松地过着每一天，他们是高档会所的VIP客户，他们是各种俱乐部的金卡会员……

这样的生活,对穷小子来说是望尘莫及的。因为,好不容易穷小子们有了点钱可以买房付首付了,房价却节节飙升、贵得离谱;好不容易可以进入咖啡馆喝个咖啡，那里却早已经实行VIP会员制了。穷小子们马不停蹄地追赶别人的发展脚步,却好像永远都赶不上。

不要怪这个世界变化快,而要怪你自己追不上时代;不要怪物价的上涨速度惊人,而要怪你自己的能力不够。

现代社会是资本迅速扩张的时代,有了原始积累和资源之后,财富会随着经济的发展呈现滚雪球态势,富人手中的资金会通过各种渠道有效投资,正因如此,他们拥有的财富数字也会不断地翻番。所以,当穷小子们有了首付时,富人们有了第N套房;当穷小子买得起车,富人早已经卖掉了宝马,开上了保时捷、玛莎拉蒂……

如果只看到这一点,穷小子们怕是要失去了追赶的信心。其实,这并非是什么时候能追上的问题,而是怎样追的问题。

如果始终按原来的平均速度追赶,穷小子们必然会始终无法赶上前面的目标,永远会望尘莫及。想要突破这个困境,穷小子需要关注的是如何提高自己的持续发展力。

一个人究竟有多大发展力,决定了他以后成功的高度,也决定了进取状态中体现出的速度。越是超前的发展力,最后的发展步伐越会迅速强大;轻松地超越别人,跟上社会发展的节奏,也只是时间问题。这是因为发展力可以让一个人打破常规发展路径,另辟蹊径,表现得与众不同。

那么,持续的发展力究竟是什么?

发展力的要素有很多:能力、观念、从事的行业前景,以及手上的人脉资源,等等。而想要发展力能够有效持续,就需要让其要素能够有足够的上升和发挥空间。

拥有强悍的发展力,能够让你在有限的时间里实现其他人难以企及的发展。而要想实现这样的梦想,你就必须让自己在观察力上具备超前性。

超前性,可以让你创业的力量更加强大,创业过程具有顽强坚韧的特性,同时也能让你的发展更有后劲,能有超强的加速度。拥有这样的超前性,还能让你的创业之路前景广阔,因为这意味着你后发制人的能力更加出众。

那么,如何寻找有超前性的行业?怎样具备有发展力的眼光和能力?穷小子可以看看乔布斯是怎么做的。

风靡全球的苹果手机、苹果平板电脑、苹果笔记本电脑,都是出自这个改变时代的人之手。而当年乔布斯也不过是在车库中工作的穷小子。

当年，乔布斯在朋友家的车库里，通过简单设计的电路板，将6502微处理器和接口及其他一些部件安装于其上，并通过接口将微处理器与键盘、视频显示器连接在一起，总共只用了几个星期，电脑就装好了。这种简单、轻便的电脑随后迅速地拥有了广阔的市场。

乔布斯本人作为苹果事业的缔造者也开始慢慢浮出水面，他很快被誉为"改变时代的人"。随后，他的人生与电子产品和3D动画密不可分。这两个都是21世纪最为重要的信息产品。

乔布斯后来离开了苹果公司，苹果公司也经历了非常严重的生存危机。1996年，乔布斯重返苹果公司，再一次开创了苹果时代，随着苹果系列产品获得巨大成功，苹果在电子产品引发震撼性革命。可以说，乔布斯改变了整个世界。

乔布斯刚开始时没有背景，没有资产，甚至最初的人脉也寥寥无几，而直到成功之后，他也从不是一个八面玲珑的人。但乔布斯强大的发展力，正在于拥有超前于时代的眼光。

当然，穷小子可以获得的发展力因素还有很多——创造性、勇敢、拼搏、能吃苦、没有负担。这些都是穷小子身上可以开发的重要筹码，而技术、眼光、嗅觉、头脑，同样也是非常重要的发展基石。

此外，穷小子的发展力因素构成中，创造性同样重要。一个有创造力的人，不会甘心于既定的法则和现象，因此，拥有创造力这样的能力因素，很可能是决定穷小子发展力层次的关键所在。穷小子应该牢牢把握机会，努力发现自己的创造力集中于哪个领域，并通过有效的手段将之充分展现，得到大家的认可。一步一个脚印，踏踏实实往前行走。

穷小子应该像乔布斯一样懂得利用自己的创造力，寻求合适的机会，紧跟时代的潮流，将自己的事业一次又一次推向高峰。

普通的穷小子当然没有乔布斯那样惊人的创造力，但是他们每个人身上的韧劲、拼搏精神和勇敢品质都是可以充分开发的。穷小子不妨去发掘自我的潜力。并且将它们很好地组合为发展力,运用到实践和事业当中去。这样,穷小子的明天将会是精彩绚烂的。

6. 白手起家是穷小子唯一正确的出路

白手起家，是大多数中国富一代曾经走过的道路。

与富人的子女比，穷小子的创业之路注定要辛苦很多。白手起家也成为了他们不得不面对的窘境。其实，白手起家的困难，穷小子的父母年轻时也遇到过，然而，在辛苦一辈子、努力一辈子之后，他们发现自己并没有抓住机会，他们面对的人生，依然还是一穷二白——因为他们并没有走通这条道路，甚至是缺乏看见这条道路的机会。

那么，穷小子就注定要失去人生的希望了吗？

其实，白手起家并不可悲，依靠自己的双手去创造生活，是中国人的传统美德。虽然现实社会并不像书本中描写的那样美好和公平，但不可否认的是，包括穷小子们在内，大多数的中国人都需要依靠自己的双手去创造价值、获取财富。因此，白手起家的过程，本身就应该是一个人不断学习和成长的过程。在这样的过程中，懂得应该如何学习、如何感恩和如何回报社会，才是最重要的。

穷小子如果不学会白手起家，只想着机遇突然降临，只想天上掉下免费的馅饼，终究会蹉跎人生、虚度光阴。因此，白手起家的过程是奋斗的过程。在这样的过程中，穷小子们的拼搏精神和勇敢品质，都会发挥得淋漓尽致。因此，在白手起家的艰苦过程中，穷小子应当学会为人处世的道理、懂得人生奋斗的真谛，学会珍惜和舍弃。

怎样去白手起家？很多人都在苦苦找寻这个问题的答案。

首先，穷小子要将创业目光关注在有发展前景的行业上，作为自己的事业起点；其次，就是增强穷小子自身的发展力，包括学习和发展的精神、毅力，以及用来锻炼和充实自我的时间，这些都是穷小子白手起家很重要的能力；再次，在发展过程中，比拼的还有穷小子的适应能力。每个人都是普通人，穷小子如果想长期在城市中生活，必须要仔细观察人际关系之间的生存法则，了解其中的规律。另外，白手起家的过程也不应是盲目的，穷小子在白手起家的过程中要学会懂得如何有目的地去组织好手中的资源并加以运用，其中主要包括人脉资源、品牌资源和财产资源，等等。

当然，穷小子应该保持开源节流的好习惯。这是因为白手起家的过程，就是资本积累的过程，要求穷小子一方面要节省支出，另一方面也要扩大资金来源。穷小子们往往在一个阶段的发展之后会有所成就，这时候，你切不可沾沾自喜，盲目消费，需要懂得应该一直保持勤俭节约的好习惯。

永远要学会紧跟时代步伐。不少人在发展的起步阶段，虽然可能一度辉煌，但由于不懂得与时俱进，不懂得自我更新，最后被时代抛弃，导致白手起家过程的中断。穷小子白手起家的过程中，应该始终强调发展力和预判力的持续培养，但是，在他们初步获得成功后，这一点往往会被骄傲者忽略，并最终品尝苦果。

白手起家的过程中，经常不被人重视却相当重要的一点，就是要学会回馈社会。

在陌生的城市里，你一路走来，有心酸，有牺牲，或许还有委屈和痛苦，但是不可忽视的是，一路走来的过程中必然得到过许多好心人的帮助，获益于机缘巧合和命运馈赠。在白手起家的过程中，穷小子们还要学会好好珍惜周围的人，学会回馈社会，帮助周围的人。只有这样，你的心情才会越来越舒畅。同时，你的个人口碑会越来越好。而这些对你的创业无疑有着相当大的帮助。

白手起家的草根一族，不必怀疑，不必彷徨，停下前进的步伐只会让你们走进被淘汰者的队伍，永不放弃，美好未来终将实现！

	循规蹈矩的上班族	奋不顾身的创业族
毕业0年	当公务员、进垄断大国企的概率：万分之一； 你只能从最穷的小白领做起。	趁早进入一个朝阳产业，为未来做准备；踏实做一份工作，解决眼下的生存问题。
毕业5年时	衣：终于摆脱路边摊，进入低档专卖店； 食：快餐店、路边排档、低档餐厅； 住：合租，人均不超10平米； 行：公共交通； 存款：2万-10万。	其他情况和上班族差不多； 存款：从负存款到2万 后两年开始创业，正处在创业初期最艰难的时期。
毕业10年时	衣：中档专卖店，偶尔进高档商场买件外套； 食：低档餐厅，偶尔被邀请进中档餐厅； 住：60-85平方米的房子，贷款30年，月供占家庭总收入的1/2-3/4； 行：公共交通，少数人开上了10万上下的车； 存款：（房奴）2万-10万；（想当房奴还没当成的）20万-50万。	衣：中档专卖店，偶尔进高档商场买件外套； 食：请客进中档餐厅，自己吃进低档餐厅； 住：考虑买房中； 行：开20万以内的车（创业必需品）； 存款：50万以上（开个每年纯赚10万的小公司即可达到）。

毕业15年时	衣：继续在中档专卖店徘徊，偶尔进高档商场； 食：中档餐厅进得起，但吃一顿要肉疼一星期； 住：月供占家庭总收入的1/2-3/4，添小孩了，住房显得挤了，接父母一起住更没可能了； 行：还得挤公共交通，少数人开上了车，一部分人摇不上车牌号； 存款：基本等于没有。	衣：高档商场； 食：基本都在中档餐厅； 住：一套100平以上的房子，无月供或少量月供； 行：开车，可能换新车； 存款：除去买房花的钱，少则50万，多则数百万。
毕业20年时	衣：难得添购新衣服； 食：没人请则坚决不进餐厅； 住：房子变旧了，同时更挤了，回到合租时代的水平，月供依旧； 行：有车的继续开车，没车的基本不会买车了； 存款：10万-20万，小孩花钱更多了，家庭收入基本不涨了。	衣食住行不用愁了； 钱，基本上已不是问题； 运气好，进入千万富豪圈；运气不好，也足以急流勇退，考虑提前退休，做从前想做但一直压抑着没去做的事情，比如旅行、在家练书法、办一所小学……
……	房子的月供可能要到你60岁时才算完；你的孩子长大了，又要面对和你年轻时差不多的情形。	自己的人生，无限可能； 子女的人生，你可以说：爸已经给你打好基础，混成咋样就看你们自己的造化了……

☆测测你的财商

这是一套被称为“成功商数分析”的测试题，由60个成功要素组成，这些要素成就了各行各业涌现出的领袖的伟大事业。它能：

引导你的思想进入期望的轨道；

使你的人生规划具体可行；

指出成功路上目前的位置；

鼓励你决定自己的明确目标；

衡量你达到目标的机会；

指出你目前的抱负和其他特征；

激励你采取适当而必要的行动。

建议你马上回答下面的“成功商数分析”，请你尽量诚实，只有按你目前的实情来回答，这个测试才有效。

1. 你有没有确定一生的目标？

是　否

2. 你有没有设定达到目标的时限？

是　否

3. 你有没有达成目标的特定计划？

是　否

4. 你是不是能确定自己的目标能带来哪些好处？

是　否

5. 你了解积极心态的意义吗？

是　否

6. 你知道如何觉察自己和别人的消极态度吗？

是　否

7. 你平常有没有做些超过自己薪水以外的服务？

是　否

8. 你是否知道何时、何人应该加薪？

是　否

9. 你是否认识那一行的某个人，不必做超乎自己薪水以外的努力就能成功？

是　否

10. 你是否认为一个人不必做超乎自己报酬以外的事情，就有权利期望加薪？

是　否

11. 你是否尽量学习跟自己有关的事？

是　否

12. 对于不熟悉的事，你是否喜欢表达意见？

是　否

13. 在用到知识时，你知道如何去找吗？

是 否

14. 生气时你是不是能缄口不语？

是 否

15. 你是否不经考虑就说话？

是 否

16. 你很容易不耐烦吗？

是 否

17. 一般而言，你的情绪是否平静？

是 否

18. 你习惯让情绪控制理智吗？

是 否

19. 你是否设法影响别人来帮助自己完成目标？

是 否

20. 你相信一个人不需要别人帮助也可以成功吗？

是 否

21. 你相信一个人遭到妻子和家人反对，仍旧可以获得事业成就吗？

是 否

22. 如果老板和属下和谐共事，是否有许多好处？

是 否

23. 你所属的团体如果受到称赞，你是否引以为荣？

是 否

24. 你是否信任“无限的智慧”？

是 否

25. 你是诚实正直的人吗？

是 否

26. 你对自己决定去做的事情有没有信心？

是 否

27. 你的习惯令人讨厌吗？

是 否

28. 你有没有做到“己所不欲，勿施于人”？

是 否

29. 你受同事欢迎吗？

是 否

30. 你的工作有没有计划？

是 否

31. 你的工作一定要别人替你计划吗？

是 否

32. 你有没有什么杰出的特点是你的同行所没有的？

是 否

33. 你习惯拖延吗？

是 否

34. 你对你的工作默守成规吗？

是 否

35. 你是不是一个非常热心的人？

是 否

36. 你会不会不畏惧任何困难去执行自己的计划？

是 否

37. 你的热忱会左右你的判断吗？

是 否

38. 你做事时专心不专心？

是 否

39. 你是不是很容易受人影响而改变计划和决定？

是 否

40. 在遭遇不可避免的干扰时，你能不能继续工作？

是 否

41. 当遭到反对时，会不会立刻放弃自己的目标和计划？

是 否

42. 你能不能跟别人和谐相处？

是 否

43. 挫折会不会使你半途而废？

是 否

44. 假使受到挫折，你会继续努力吗？

是 否

45. 一时的挫折是否就是失败？

是 否

46. 你知道如何把挫折变成资产，进而完成目标吗？

是 否

47. 你把自己的想象力用在建设性的方面吗？

是 否

48. 你的决定是自己做的吗？

是 否

49. 惟命是从的人是否比另外还加上自己的创意的人要好？

是 否

50. 你有没有创造性？

是 否

51. 必要时，你会寻求忠告吗？

是 否

52. 你是否固定把一部分收入存起来？

是 否

53. 你花钱是否并不考虑将来的收入？

是 否

54. 你每天都有充足的睡眠吗？

是 否

55. 你是否经常利用业余时间阅读励志书籍？

是 否

56. 你晓得健康从哪里开始吗？

是 否

57. 你知道怎样才能保持更好的健康吗？

是 否

58. 是不是有些难以控制的习惯？

是 否

59. 你最近有没有养成新的好习惯？

是　否

60.　你最近有没有改掉什么坏习惯？

是　否

说明：按照下面的标准给自己打分，“是”+5，“否”+0：

（300分——250分）：你是企业的精英，你完全具备了创业的条件，如果创业有一定成绩了，你还会有更大的发展，

（245分——200分）：你的创业商数在一般以上，好好再培训培训，你的事业一定会成功。

（200分以下）：你的创业商数很普通，但是没关系，您要想成功达到财务自由的目标，一定要不断学习。

第二章

看老板:入对行,跟对人

穷小子应该跟一个好的老板,不只月前给你提供一份工作、一笔薪水,更能为你打开一扇窗口,窗口那边是资历、人脉、机会,而当你选择从这扇窗口启程时,前方的路会因为选对了老板变得顺坦很多。

当然,没有老板会主动这样地来培养你,只有正确利用,入对行、跟对人,你才能成功。

1. 找行业，选对大方向很重要

“男怕入错行，女怕嫁错郎”，对于想要创业的穷小子来说，行业的选择对一个人未来的发展相当重要。

无论穷小了计划将来做怎样的大事，都必须要在今天为自己确定一个方向，当你有了明确的目标和方向之后，你之后所做的一切行动才会着实有效地朝着设定的方向前进。

选择行业的时候，你需要从两个角度出发：首先是从行业本身角度，其次是自身资质条件角度。

从行业角度来考虑时，需要注意以下四点：

第一，了解行业的发展状况。你可以通过网络或者从在相关领域从业的亲戚朋友那里了解该行业的现状，重点了解该行业现有参与者的经营利润情况、市场领先者的情况、消费者群体的情况，等等。

第二，了解行业的经营环境状况。你可以关注对行业发展有影响的政策和市场因素，重点关注政治、经济、文化、科学技术等方面的动态对于你所要从事行业有怎样的影响，以便自己能够看出行业未来的发展前景。

第三，了解行业的特色。行业的特色程度决定了你进入该行业的难易程度，而衡量其难易，需要综合考虑该行业的土地成本、人工成本、地理位置成本、交通运输等多方面的因素。

第四，了解行业的经营方式。不同行业的经营方式对创业初期投入的资金要求不同，获得的利润也不同，对于创业者所具备的性格特点和办事能力要求也不同。

从自身角度考虑，你需要注意以下三点：

第一，对于这个行业是否有足够的了解，当你了解一个行业、对一个行业有足够的经验之后，才能够从容地面对创业过程中面临的各种难题。对于想要创业的穷小子，最佳的方法是选择一家在该行业内比较有潜力的公司，进入工作，然后在工作的过程中积累该行业的相关经验，当你了解该行业如何运作的时候，再找到适当机会独自创业。

第二，你应该考虑自己的兴趣爱好和个人性格因素。一般来说，一个行业的特点如果能够和你的性格、志趣、梦想相符，你便对这个行业感兴趣，能够最大限度地激发出你的热情和潜力。

第三，想想你具有哪些优势。请仔细考虑一下，如果你从事这个行业，你在客户资源、资金、人脉、从业经验、专业技能等方面是否具有别人不具备的优势。如果你已经拥有其他人所没有的优势，这些优势会使你远远领先于业内的竞争对手，从而在业内获得成功。

根据权威专家预测分析，未来中国市场内的以下十个行业最有发展前景：

1. 数码电子产品行业。随着人民生活条件的提升，消费者对于电脑、手机、相机等数码电子产品的消费将会逐年提升。

2. 汽车行业。随着城市化水平的不断提高，家用汽车已经逐渐成为国民生活中不可缺少的一部分。因此，汽车制造业和汽车周边行业如汽车维修、汽车配件等领域在未来几年内将会获得长足发展。

3. 室内装饰业。随着房地产行业的长远发展，当今社会买房已经成为一种潮流，因此室内装饰业有着很大的发展潜力。

4. 房地产业及其周边产业。如房地产经纪、咨询、供楼业务、房产中介等行业也已经成为炙手可热的行业。

5. 邮电通讯业。随着手机的普及，通讯行业将会持续走热，随着网购逐渐被大多数人所喜爱，快递业务前景广阔。

6. 快餐业。随着上班族工作节奏的逐渐加快，快餐业将有很大的发展空间，并且可以带动周边的行业如速食食品、食物半成品加工等的兴起。

7. 与老人相关的"银色"行业。随着中国逐步进入老龄化社会，老人保健行业将会有较大的发展空间。

8. 旅游文化业，随着居民消费水平的提高，人们在工作之余往往会选择旅游或者是文体娱乐活动来进行休闲。因此，文体和旅游行业会比较繁荣。

9. 女性用品业。俗话说"女人的钱最好赚"，这个行业一直都有很大的发展潜力。

10. 保险业。随着保险体系的完善、福利制度的改革，保险业必然会在当前的中国繁荣昌盛。

湖南的金敏杰，正是这样一位拥有明确而独特眼光的创业者。

金敏杰在下海创业之前，曾经在国有企业工作过，后来，他看中了农业科技行业的发展前景，决定下海创业。

根据金敏杰的分析，中国是一个农业大国，农业科技必然在中国的农业市场有着极其远大的发展前景，同时，国家政策也对农业发展有着相当程度的长远支持，因此金敏杰在权衡各方面因素之后选择了进入农业科技行业。最终，金敏杰创建了湖南浩伦农业科技有限公司，制定了合理的发展战略，不断扩大自身产品的出口额度并整合农业资源，最终将公司打造成了具有高效投资回报的融资平台，获取了巨大的成功。

可以想象，金敏杰如果冒险进入一个缺乏支持或者自己并不了解的行业，失败的可能性就会骤然加大。

选择行业的时候，你还需要避免盲目跟风的问题。

当一个行业开始兴起并成为热门行业的时候，许多人会被高利润吸引，而进入这个行业，导致激烈的行业内部竞争。为了赢得竞争的胜利，许多人不择手段投入了巨大的成本，这样，即使获得了竞争的胜利也不会赚取太多的利润。因此，行业的选择必须慎重，创业千万不可以盲目跟风，最好是将目光放得长远一些，结合自己的实际情况选择最合适的行业，这样创业成功的概率会大一些，创业过程也会顺利许多。

总结一下，穷小子应该从行业角度和自身条件入手：

1. 考虑行业的发展状况、行业的经营环境、行业的特色、行业的经营方式；

2. 考虑自己的行业经验，考虑自己的兴趣爱好、性格因素，考虑自己在客户资源、资金、人脉、从业经验、专业技能等方面是否具有别人不具备的优势；

3. 选择行业应当避免盲目跟风，慎重综合分析各种因素，选择最适合自己的行业，如此才可以在创业道路上少走弯路，快速致富。

2. 个性投缘比薪金更重要

穷小子在选择自己将来所要从事的行业的时候，应该结合自己的实际情况，选择自己最感兴趣的行业。兴趣是最好的老师，创业总是"万事开头难"，尤其是初期，将会面临许多问题，如果你对这个行业没有热情和兴趣，是很难坚持下去的。

最理想的人生是按照自己想要的方式生活并工作，从事你感兴趣的行业，和你喜欢的人一起工作，你最终会获得成功。做你最感兴趣的工作。不妨追寻内心的指引吧！你所从事的行业应该符合自己的性格特征，这样你才会对自己的事业充满了热情和动力。

怎样看待自身个性和工作的关系呢？让我们看看职业指导专家的意见：

美国著名职业指导专家霍兰德认为，人的人格类型、兴趣与自己最适合从事的职业密切相关，一个人对于自己所从事的职业的兴趣与人格之间存在极大的相关性。

霍兰德把人格分为现实型、研究型、艺术型、社会型、事业型和常规型这六种类型。

现实型人格的人动手能力比较强，喜欢做具体任务，做事比较保守，为人谦虚，缺乏社交能力，喜爱独立做事。现实型人格的人一般适合从事计算机硬件开发、摄影、制图、机械装配等技术性工作或者做木匠、厨师、技工、修理工、农民等技能型职业。

研究型人格的人抽象思维能力比较强，善于思考，知识渊博，做事精确，喜欢逻辑分析和推理。研究型人格的人一般适合做科学研究人员、教师、工程师、电脑编程人员、医生、系统分析员等。

艺术型人格的人有创造力，渴望表现自己的个性，做事追求完美，具有一定的艺术才能和个性。艺术型人格的人适合做演员、导演、艺术设计师、雕刻家、建筑师、摄影家、广告制作人、歌唱家、作曲家、乐队指挥、小说家、诗人、剧作家等。

社会型人格的人喜爱与人交往，擅于言谈，擅长不断结交新的朋友，一般具有广泛的人际关系，比较关心社会问题，内心深处渴望发挥自己的社会作用。社会型人格的人一般适合做与人打交道的工作，适合做教师、教育行政人员、咨询人员、公关人员等。

事业型人格的人热爱追求权力和物质财富，为人务实，具有领导才能，喜欢竞争和风险，做事有较强的目的性。事业型人格的人一般适合从事经营、管理、劝服、监督和领导等领域的工作，如政府官员、企业领导、法官、律师、项目经理、销售人员，营销管理人员等。

常规型人格的人喜欢按计划办事，一般较为谨慎和保守，注重细节，喜欢接受他人的领导，缺乏创造性，不喜欢冒险和竞争。常规型人格的人一般适合秘书、办公室人员、记事员、会计、打字员等。

在选择自己职业的时候，穷小子应该充分考虑自己的人格类型和兴趣爱好，选择与自己个性投缘的工作。

当你明确了自己想要从事的职业之后，要有明确的奋斗目标和方向。

你可以选择这样的方法：

给自己列一张梦想清单，清单上写明了你自己在未来想要达到的薪资、职位、待遇等内容，然后重点关注具体的可以实现这些目标所需要的条件。之后，你应该将每一个实现目标所需要的具体步骤都列出来，然后按照清单上的步骤，严格执行。

当你进入行业之后，要以学习工作经验为主要目的，不要计较细小的得失，应该踏实勤快地做事，上司交代的事情一定要圆满完成，努力成为上司的得力助手。同时，你需要不断加强自己的专业知识，这样才有谈资和老板或者上司讨论交流。老板或上司对行业的理解、对机会和市场动态的了解、对人脉的熟络肯定比你强，跟在他们身边，你才能够随时听到各类有价值的"内幕"消息，才可以积累足够的人脉和经验。

天极网的CEO李志高是一名博士，毕业于重庆大学光电精密仪器系，刚刚进入重庆大学的时候，李志高就开始思考自己未来的职业规划，然而，他始终无法确定自己真正想要从事的到底是什么职业，因此他便多少有些茫然地一步步读到了博士学位。

在一次偶然的机会中，李志高认识了《电脑报》内部的工作人员，他感觉到，《电脑报》的工作人员，他们的状态和普通行业工作者有着很大的区别，他们所从事的工作有热情、有创造力、有成就感。通过一段时间的观察和思考，李志高发现，自己对《电脑报》的工作有着极大的兴趣。因此，在博士毕业之后，李志高放弃了可以去国家教委工作的机会，毅然选择了加入《电脑报》。

进入了《电脑报》之后，李志高在工作中表现出了极大的热情和动力，他认定自己在《电脑报》社里面有一番大显身手的天地。由于工作积极，热情努力，李志高很快通过《电脑报》的网站打造了天极网，并改版成立了天极公司。

不久之后，他成功地引入了风险投资，组建了天极信息发展有限公司，并且在公司中担任董事、总经理的职位。

天极网在当时被评为“中文十大网站”，并且是当时国内最大的中文IT网站。

李志高正是因为选择了自己感兴趣的行业，所以才会在工作中完全发挥出自己的热情与创造力，从而获得了令人瞩目的成就。

想要选择感兴趣的行业，应当注意以下三个要点：

第一，选择的行业是自己感兴趣的，行业要符合自己的性格特征；

第二，要有明确的奋斗目标和方向，给自己列一张梦想清单，清单上写明在未来你想要达到的薪资、职位、待遇等内容，然后列出实现这些目标所需要的步骤，坚持严格执行这些步骤；

第三，初入行业的时候，应该以学习经验为主要目的，踏实做事，努力成为老板、上司的得力助手，跟在他们身边，多了解行业的“内幕”消息。

第四，在选择行业的时候，个性投缘比薪资更重要，从事自己感兴趣的行业往往会获得巨大的成功，因为你的内心深处有着源源不断的热情与动力，使你不断地奋斗，不断地前进，最终干成一番大事业。

【附表：霍兰德的“六型职业人格”】

人格类型	人格特点	职业倾向
现实型	脚踏实地、实事求是	建筑、维修等工作
研究型	好奇心强、勤奋、独立	科学、医学领域
艺术型	创造性强、自由放任	文学、艺术行业

社会型	外向、热情、擅长交际	教育、咨询、公关等
事业型	精力充沛、信心十足、有领导力	商业或与管理人有关的职业
常规型	尽职尽责、循规蹈矩	办公室工作，与数字打交道的工作，如会计、统计

说明:霍兰德认为,每个人都是这六种类型的不同组合,只是占主导地位的类型不同,从而实际表现出来的职业人格不同。

3. 培养一技之长

富兰克林曾经说过，宝贝放错了地方便是废物。曾经有一项针对全球八万名成功人士的权威调查表明：即使是已经大获成功的人，也不可能是十全十美的，他们每个人都有自己的优势和劣势。

因此，所谓的成功人士和普通人的不同之处，就是成功人士能够寻找不断地提升自己专业技能优势的方法，同时巧妙地隐藏自己的劣势。而他们成功的关键之处在于，学会管理和利用好自己的专业特长优势，经营好自身长处。

穷小子在刚刚进入行业的时候，没有工作经验，没有人脉，没有资历，完全处于“一穷二白”的困境之中。这时候，穷小子突破困境的唯一方法就是不断提升自己的专业技能，发挥出自己的优势和特长，只有这样，才可能引起上司和老板的注意，才可以获得周围的同事们的认同。专业上的精通、技能上的出众，既是穷小子解决生存问题的第一手准备，也是将来创业的技能准备。只要在某一点上做到行业顶尖，穷小子未来就有希望。

想要提升自己的专业技能，首先要学会多思考，多反思，多问问自己，多想想自己在专业技能方面还有哪些不足之处。同时，穷小子还应该做出计划——对于这些不足之处应该具体在哪些方面提升，想想自己对这个行业最感兴趣的是哪些方面，然后着重注意这些方面知识技能的积累。

知识源于积累。想要提升自己的专业技能，还需要持之以恒地学习和积累，穷小子每天应该抽出一段时间用来专攻自己的专业知识，多看书、多关注业内的权威杂志、上网搜索专业性比较强的资料，多参加专业内的沙龙，和专业人士定期聚会交流，通过这些方式积累自己的人脉，开拓自己的目光视野，夯实自己的专业知识。

另外，要制定合理的复习计划表，定期对自己学到的专业知识进行复习，通过复习可以强化自己的记忆，增进对于专业知识方面的理解。

当然，提升专业技能最重要的途径是知行结合，积累的专业知识一定要用在实践当中，在工作中可以尝试运用自己在书本中学到的方法。同样的工作，可以使用不同的专业方法来解决，试试看哪一种方法的效果更好，这样可以加深知识的吸收，从而增加自己专业技能的熟练程度。

需要提到的是，在当今越来越开放平坦的世界中，无论你从事什么专业，都要首先学好英语。掌握了英语这门语言工具，才可以更好地在国际平台上交流、学习，了解和吸收你所从事的行业的专业知识。比如，通过网络多查阅该专业在国际方面的相关文献，关注国际方面的该行业的权威杂志，使自己掌握的专业知识技能与国际接轨。

王志东有着"中国互联网教父"的美称，现任北京点击科技有限公司董事长兼总裁。他曾经领导新浪成为全球最大中文门户网站，并在纳斯达克成功上市，获得了巨大的成功。王志东之所以能够成功，靠的就是在计算机专业的特长。

王志东在北京大学学习的专业是无线电电子学，不久之后，他接触到了当时还算是新鲜事物的电脑。他很快发现，搞无线电在未来的走向上，没有钻研电脑的性价比高，而且，因为自己的数理基础相当优秀，有什么创意，也可以在电脑这个平台上实现。于是，王志东逐渐把精力转移到了电脑上，他加入了学校的计算机小组，并且不断地学习与计算机相关的专业知识技能。

因此，北大教授王选逐渐看上了王志东在计算机方面的专业特长，邀请王志东进入了北大方正。1991年6月，王志东发挥自己在计算机方面的特长，独立开发了当时国内第一个实用化的W indows3.0中文环境——BDW in3.0，这项成果在当时具有重要意义，成为北大方正当年的七大成果之一。后来，王志东看到方正并没有着手大规模推广这项成果，他觉得，自己在这里不能够完全施展才能，所以准备开辟新领域，于是他递交了辞职报告。

当时的王志东计划离开北京，去新加坡学习一段时间。在等待签证的过程中，他还发挥了自己开发软件特长，写出后来红极一时的“中文之星”外挂中文平台。后来，王志东的同学拉着他入伙，成立公司推广中文之星这项产品。他们决定按照硅谷的方式，模仿苹果的做法。

王志东认识到，这样做可以发挥出自己在计算机专业的特长，因此临时改变主意不出国了。1992年4月，王志东创立了新天地电子信息技术研究所。

凭借着“中文之星”的优势，新天地电子信息技术研究所发展速度很快。后来，王志东离开了新天地研究所，凭借自己对计算机专业的了解，他很快成为投资人眼中的红人。

1993年12月，王志东出任新组建的“四通利方信息技术有限公司”总经理，此时他才26岁。

1995年下半年，王志东继续发挥计算机专业方面的特长，打造出了RichWin系列软件，这款软件迅速占领了市场，成为当时世界上水平最高的外挂式中文平台系统软件。1998年12月，在王志东的领导下，四通利方成功并购了华渊生活资讯网，成立了新浪网，王志东出任新浪网总裁，1年后兼任CEO。

以此事件为标志，王志东这位当年普通的穷学生，一跃成为中国互联网事业的先驱，他率领新浪网乘风破浪，以先进的经营理念，在半年之内便让新浪网成为中国互联网的出色品牌。虽然后来，国际互联网形势急转直下，互联网经济的泡沫破灭，王志东鉴于当时新浪的改造难度很大，因此选择了离开。但当年年底，从没有放下自己专业的王志东决定重新走上创业之路，创立了北京点击科技有限公司。

王志东认为，一个公司最重要的经营理念就是专注，从个人来说，也就是集中“优势兵力”长期专注自己最擅长的领域，让自己变得专业、专业、更专业，在自己专注的技能领域做到行业顶尖，完全发挥出自己的优势特长和潜力，打造出自己在整个行业中的领先地位，这样才可以获得忠实的客户群，使个人成功，也能使创业成功。

聪明人从来不会脱离自己擅长的领域，同样，穷小子创业的时候也不应该接触自己不擅长的领域。绝大多数富人都会将自己的时间和精力投入到自己最优势的领域，不断提升自己的专业技能，让自己变得专业、专业、更专业，完全发挥出自己最大的专业特长，集中优势创业致富。

总结一下，穷小子想要致富，就要靠以下方法不断提升自己的专业技能：

1. 多想想自己在专业技能方面的不足之处，然后着重对不足之处进行学习；

2. 每天应该抽出一段时间用来专攻自己的专业知识，定期和专业人士聚会交流；

3. 制定合理的复习计划表，定期对自己学到的专业知识进行复习；

4. 知行结合，积累的专业知识一定要用在实践当中；

5. 关注专业知识在国际方面的动态，使自己掌握的专业知识技能与国际接轨。

4. 做好小事，也要崭露头角

毋庸讳言，很多大老板都是从小伙计开始做起的，很多大政治家都是从小职员开始做起的，很多将军都是从小兵开始做起的，因此，想要成就大事业，就需要先从小事做起。当穷小子把小事做到得心应手的时候，那么，自然就能逐渐拥有做大事的能力。

一屋不扫，何以扫天下？一个连小事都做不好的人，怎么可能会成就大事业？不要因为自己怀有远大的志向和抱负而忽略了手头应该做的小事，“千里之行，始于足下；九层之台，起于垒土”，天下所有困难的事情，其实都是由简单的事情开始一步一步积累而成的，所有重大的利益，也都是由细小琐碎的利益组成的。

穷小子应该踏实做好第一份工作，一方面增加社会实践经验，另一方面熟悉选定行业的具体运作的细节，锻炼自己的眼光，积累自己的资历。

在获得了第一份工作之后，穷小子应该踏踏实实做好每一件所谓的杂事，在日常工作中比别人主动一些。当你把杂事做好了之后，自然会获得崭露头角的机会，从而获得领导的重视。

当你接手第一份工作的时候，应该首先注意建立人脉，进而熟悉公司部门的环境。最佳的做法是，在工作过程中仔细观察工作的流程和细节，注意哪些人在工作中对你会有帮助，哪些人与你的工作相关程度比较大，并且尽量在日后的相处中和这些人搞好关系。

工作的时候一定要勤快踏实，把领导和老同事交代的事情全部完成，如果时间不够就主动加班。尽量做好每一件小事，不要厌恶那些琐碎的小事，打杂、加班、会议等各种任务都要尽量接手，并且做好这些琐碎的事情，因为这些没人愿意做的小事情会给你带来表现的机会，会让领导注意到你，从而获得崭露头角的机会。

有人的地方就有是非。在人际关系方面，同样要注意做好小事，你一定要懂得低调做人，新人一定要多看、多想、多做、少说，不要轻易卷入职场的是非之中。酷6网的创始人说过，人际关系就是一面镜子，你对别人如何，别人也会对待你如何。平时为人处世不要过于张扬，要谦卑，以诚待人。

不做好小事，就找不到崭露头角的机会；不抓住崭露头角的机会，就会死在小事上。

做好每一件小事，领导自然会注意到你。这时候，领导会给你分配一些逐渐加大难度的任务。你要抓住这些机会，用各种手段圆满地完成第一次任务，崭露头角。

在领导对你已经有了初步的赏识和信任之后，也要学会适当地在小事上表现出“跟紧”领导的态度——比如，过年过节需要买些礼品去看望领导。同时要锻炼喝酒的能力，饭局上面，要在合适的时候为领导挡酒。这些事情虽然看起来很小，但实际上会塑造你在领导心中的重要形象。

一般情况下，有前途、有眼光、有远见的领导都喜欢踏实、稳重、有能力办实事的人。随着领导对你的信任逐渐加深，领导会分配给你比小事更重要的任务，领导交代的事情一定要公事公办，尽心达成他想要的效果。

久而久之，你自然会得到升迁，随着职位的升高，你的能力经验都会逐渐提升，对于行业运作的小事和大事都能有充分的把握，从而为以后独自创业奠定能力的基础。

某知名杂志的总编辑阿芳有一条经验之谈：顺畅的职场之路应该从低调做人、做好小事启程。

当年，阿芳研究生刚刚毕业的时候，便进入了广州的一家知名杂志社担任编辑。虽然阿芳有着研究生的学历，但是此时的阿芳没有任何工作经验，所以在工资和福利待遇方面都不是很理想。

但是阿芳没有抱怨，她知道知名杂志社之中卧虎藏龙，有着相当多实践中锻炼出来的人才。自己的研究生学历虽然看起来光鲜，在别人眼里根本算不上什么，而且没有工作经验，确实是自己的软肋，此时自己只有通过踏实做事、认真学习、积累工作经验才能够获得领导和同事们的认可。

最初的一段时间，阿芳感觉到大家对自己很客气，但都是那种礼貌性的客气，并没有真诚的热情。但阿芳丝毫不在意周围同事的态度，她在工作中遇到问题的时候，会很谦卑地向周围的同事们请教，同时，她也很少在公司之内评论别人，并且尽量少掺和周围的人际关系中的是非。

阿芳所在的部门中有个叫老王的前辈，老王经常让阿芳做一些琐碎的打杂之类的小事，比如让阿芳打电话、换桶装纯净水、更换打印纸、打扫室内卫生。阿芳丝毫没有抱怨，只是踏实地把这些小事做好，并且很谦卑、很尊敬地对待自己的前辈老王。

久而久之，阿芳踏实做事的风格打动了老王，老王经常让阿芳协助他参与一些大型的专题，阿芳在做专题的时候经常加班，用心做好每一次专题。久而久之，阿芳逐渐成为部门的杰出新人，获得了上级领导的重视，并且逐步升迁。

不妨来看下穷小子想要在小事上崭露头角，应该注意哪些要点：

1. 当你接手第一份工作的时候，在工作的过程中仔细观察流程和细节，注意哪些人在工作中对你会有帮助，并且尽量在日后的相处中和这些人搞好关系；

2. 工作的时候一定要勤快踏实，把领导和老同事交代的事情全部完成，如果时间不够就主动加班，尽力做好打杂、加班、会议之类的每一件小事；

3. 低调做人，多看、多想、多做、少说，不要轻易卷入职场的是非之中；

4. 领导交代的事情一定要圆满完成。一般说来，领导都喜欢踏实稳重的职员，不喜欢眼高手低、做事轻浮的职员。你要相信，明眼人心知肚明，只不过不说而已，你所做的每一件小事，都会被有心人注意到的。只要穷小子踏实做好每一件小事，抓住崭露头角的机会，踏实做好第一份工作，就一定可以收获丰富的行业经验，从而获得独立创业、赚大钱、办大事所必需的能力。

5. 偷师老板，从一点一滴中成长

很多时候，当决定进入一个适合自己的行业的时候，穷小子们会发现，自己将要面临许多问题：如何投资？市场行情是怎样的？没有人脉关系怎么办？没有创业经验怎么办？总而言之，此时的穷小子完全没有思路，就是摸着石头过河，步履维艰。

想要解决这些难题，穷小子完全可以先进入该行业一家有着较长的历史、比较成熟的公司从事工作，不管工作的内容如何，只要你们能够先找到一份工作，然后借着工作的机会，和周围的同事们接触，向同事们请教有关该行业的各种问题，就能有点滴的收获。穷小子要记住，找这一份工作的主要目的不是赚取那些可怜的工资，而是借着工作的机会向周围的同事们打听该行业的各种信息，偷师学艺，看看这些成熟的公司是怎样管理、怎样运作、怎样盈利的。

当然，最好的师傅，其实是雇佣你的老板。

穷小子应该踏踏实实做好自己的这份工作。要相信，只要踏踏实实做好了本职工作，就一定会引起老板的注意。当老板注意到你的时候，穷小子便可以借着机会向老板请教一些问题。随着穷小子和老板接触的次数增多，应该借机观察老板是如何经营公司、如何维护人际关系、如何管理公司员工的。

与此同时，穷小子要学得机灵点、勤快点，在不妨碍工作的情况下，抓住机会就到公司的其他部门串串门，混个脸熟，平时也应该和其他部门的同事们搞好关系，有问题就积极地向他们请教。这样，久而久之，穷小子在公司的各个部门都会有熟络的同事，通过这些熟络的同事，穷小子可以了解到各个部门的运作方式和管理经验。在不断的接触中，穷小子的资历提升了。资历和经验提升之后，穷小子一定会获得升迁的机会。升迁之后，穷小子接触到的同事的视野将会更加广阔，可以了解到的行业经验也更加丰富。穷小子要抓住每一次出差机会，不断结识同行业的朋友，不断拓展同行业的人脉资源。

长此以往，穷小子会对行业中的每一个细节都了如指掌，并且积累了数量可观的人脉资源。

这时候，穷小子已经通过自己所在的公司了解了整个行业的市场信息，而且通过在公司中工作积累了大量的行业经验，多年的工作也使穷小子获得了数目可观的积蓄。因此，穷小子已经具备了一个成功创业者的所有条件，可以脱离公司，独自创业，一举成功。

许家印是广州恒大集团恒大地产董事长，当时他为了创业，花了十四年的时间向其他人偷师学艺，最终获得了令世人瞩目的成功与辉煌。

许家印出生于河南省太康县，大学毕业的时候被分配到了河南舞阳钢铁公司。他从小技术员开始做起，先后担任了车间主任、厂长等职位。在做车间主任的整整七年之中，许家印从来没有休息过一天，就连大年三十许家印都会跑去车间工作。然而，这样的勤奋工作，由于体制原因，并没有让他获得多少个人收益。

正是在舞阳钢铁公司工作的十年之中，许家印积累了大量的社会经验工作经验，同时积累了足够的人脉，为他日后的第一次创业做了不可缺少的铺垫。

1992年，随着小平同志的南巡谈话，许家印觉察到了新的机遇。当时他认为，机会如果不抓住，一旦错失就会无法弥补。于是，许家印毅然放弃了舞阳钢铁公司厂长的铁饭碗，准备去改革开放的深圳闯荡一番。

虽然许家印有当厂长的资历，但他觉得，自己应该努力虚心向其他更有经验的人学习创业经验，等待学成之后、具有了相当的经验和能力，再寻求机会独自创业。因此，在深圳许家印决定先替人打工。

1992年，许家印来到深圳之后，开始四处向企业投递简历。由于他的资历好很快便有几家公司看中他，并约许家印面试。

经过慎重的思考和比较之后，许家印最终选择了一家连锁商店。他看好这家连锁商店的前景，而且，他认为这家连锁商店的老板很有眼光和谋略。许家印觉得，自己可以从这位老板身上学到实实在在的创业经验。

一开始，许家印在这家连锁商店担任的职务只是最低级的业务员，他并不在乎自己曾经的资历，完全忘记自己做过管理三百多号人的车间主任和厂长，而是将自己当成完全的公司新人。在连锁店工作期间，许家印虚心向所有同事学习。比如，在公司里见到二十多岁的小女生，他都会谦虚地喊“师傅”，并且向她请教问题，让对方感动不已。

正是这种谦虚谨慎的做人态度，让许家印在这里学到了很多东西，同时，也有了很快的成长速度。到这家连锁商店的第三个月，许家印就做成了第一单销售业务，给公司带来了十万元的业务收益。因此，公司老板对许家印刮目相看，提拔许家印当办公室负责人。

就这样，许家印和老板之间的距离不断拉近，他接触老板的机会更多了，同时也学到了很多创业经验。

1993年，这家连锁商店又注册了一个贸易公司，而这家新的贸易公司需要和钢铁企业合作，考虑到许家印的人脉，老板让许家印担任这家公司的老总。就这样，许家印通过这家贸易公司开始了第一次创业，并积累了初始的创业经验。

1994年，老板打算派许家印去长春分公司担任老总，但许家印觉得广州比较有发展潜力，而且，此时的许家印已经从老板身上吸收到不少创业和管理经验，所以他主动要求去当时对公司来说尚属于市场空白的广州开拓业务。就这样，许家印带着四名公司员工来到了广州，开始了他人生中的第二次创业。

在广州的时候，许家印决定住在城中村。当时，这家分公司的条件极其艰苦，城中村的房屋相当低矮，而且阴暗潮湿，没有阳光。许家印和四名员工却把这样的房屋当做办公室和休息地点。

同时，由于初到广州，对于环境缺乏了解，所以刚开始的时候，许家印在业务开拓方面并没有取得很好的成绩。但是，许家印坚持了下去，并运用从老板身上所学到的创业经验，通过一系列的运作，抓住相关渠道，收购了一家房地产公司，并因此获得了一个名叫“珠岛花园”的房地产项目。正是通过这个项目，许家印踏上了成功之路。

获得“珠岛花园”的房地产项目之后，许家印以精确眼光，对整个房地产行业进行了深刻的分析。当时广州楼市所流行的是大户型风格的楼盘，基本上每一栋楼都是三房，只有极少数的拐角处才会出现小面积的房屋。然而,许家印决定将“珠岛花园”第一期的几百套房子全部做成小户型。这样的决定似乎是一种赌博,但事实证明许家印的决策相当正确,当时“珠岛花园”第一期的房屋全部热销,“珠岛花园”也在广州楼市之中引起了极大的轰动。

通过“珠岛花园”房地产项目的运作,许家印积累了房地产行业的相关创业经验,他觉得自己通过十四年的学习,已经具备了创业者的眼光和实力。因此,许家印决定离开这家公司,开始独立创业。

许家印离开之后,创立了恒大地产,此时的许家印,经过了十四年的偷师学艺,完全具备了成功创业者的素质。恒大地产成立之后,在广州地区采取了跑马圈地的策略,整个恒大地产的运转也在这种策略下进入了飞速发展阶段。

在恒大地产创立之后,仅仅用了三年的时间就进入了三十强的第七名,而当恒大地产创立后的第八年,就进入了中国百强房地产企业的前十名。此后,这家著名的房地产公司连续三年蝉联中国百强房地产企业的前十强。可以说,没有许家印向老板和同事学习,就不会有这家传奇般的公司。

许家印在原来的平台上偷师学艺长达14年，然后仅仅用八年时间就迅速积累了120亿的资产。现在,他还投资了中国广州恒大足球俱乐部,并因此在2011年福布斯富豪排行榜中成为唯一入围的中国足球老板，同时位居大陆富豪榜第七名。

14 年的偷师学艺磨砺,最终使许家印对于创业经验有着独到的见解,从而使许家印在独自创业的时候获得了巨大的成功。

穷小子想要成功创业,必须要学会向成功的企业偷师学艺,其要诀如下:

1. 选择一家在行业内做得比较成熟的公司，或者是眼光独到、经验丰富的老板，要能够耐得住寂寞，虚心学习，偷师学艺，去慢慢积淀自己的眼光、经验、资历和实力；

2. 与周围的同事搞好关系，多向同事请教问题，了解该行业的经验；

3. 工作要认真踏实，这样才能够获得老板的青睐，随着与老板接触机会的增多，可以学到的管理经验也在不断增多；

4. 要借着出差等各种机会不断拓展同行业的人脉，积累人脉资源，不断拓展自己的视野。

长此以往，当穷小子将老板的经验“偷学”得差不多的时候，就是穷小子可以独当一面并且取得成功的时候。

6. 把老板变成人脉拓展点

成功学大师卡耐基说过:“专业知识在一个人成功中的作用只占15%,而其余的85%则取决于人际关系。”由此可见,人脉关系在事业成功中占着举足轻重的作用。

一般说来,老板拥有多年的从业经验,因此,无论是在行业中,还是在社会上都掌握着宝贵的人脉资源。穷小子在做第一份工作的时候,完全可以发挥自己的职业特点和优势,把老板当做人脉的拓展点,由此来积累发展自己的人脉资源。

你可以通过三个方法,利用老板带来的资源,认识你想要结交的人:

第一, 在公司之内,认识有能力的朋友;

第二, 在与其他公司合作或者跑业务的时候,通过合作关系认识同行业之内的人脉或者客户资源;

第三,与老板共同参与行业聚会交流的时候,随身携带名片,尽可能多地认识同行业的人。

当你认识了你想要结交的人的时候，你就需要投入时间和精力来拓展人脉关系。在拓展人脉关系中，有最重要的三个前提：

首先，互相需要，只有你的需要而无他人的需要，这样的关系是淡漠而暂时的，不会发展成长远的人脉关系。要做到让他人需要你，你需要不断学习自己的专业知识，让自己成为行业内顶尖的高手，成为一个对别人有用的人。当你强大之后，自然会吸引很多同行的人和你交往。而在强大之前，你需要积极推销你的老板，让老板的能力、特点、资源，成为你的个人名片；

其次，你需要以诚待人，有好事的时候能想到对方，能为对方提供帮助。你需要有亲和力，用欣赏的眼光同别人交往，至少在见面的时候能够给他人带来愉快，为人诚信，言出必行。很多情况下，如果你能利用老板的名义给出承诺，或者向对方提出建议，往往比你自己出面要更有说服力；

最后，你还需要提高沟通能力，让别人知道你有谱、有能力、肯助人，这样，即使你联络不多的人，也会在你找他们时，给你适当的帮助。如果你不靠谱、没能力又不肯助人，你就永远无法积累到你需要的人脉。当然，这样的沟通能力，也完全可以来自老板的影响。

有了这三个前提之后，你可以通过以下四个方面来拓展自己的人脉。

第一，用心交友，把别人放在心上。当老板向你介绍认识新朋友的时候，尽力记住他们的名字以及他们个人信息的细节。在交谈过程中，对朋友以前提起过的一两个小细节加以问候，能够让朋友感到很强烈的亲近感。

第二，克服社交恐惧心理。不少年轻人对与陌生人交往尤其是主动攀谈者有潜在的恐惧心理，更不用说和老板一起去社交。然而，如果你想要拓展自己在业内的人脉，就必须逼迫自己克服社交恐惧心理，主动跟随老板进入陌生的圈子，克服对交往的恐惧和回避。你可以通过以下方法来克服社交恐惧心理:多跟老板参加陌生圈子的聚会,在聚会中每次至少主动搭讪三个陌生人并且聊五分钟以上,并且在搭讪后要到他们的联系方式,要通过要到的联系方式和他们进行后续的交流。最后,你还可以请教老板如何去接近他们,通过这种方法,大概三到五次之后,你就会克服社交恐惧心理。

第三,将现有的人际脉络梳理清楚。老板(包括同事、上司)的人际脉络,很有可能成为你和同行业之内陌生人聊天的共同话题,通过这样的纽带,你们能寻找到亲近感。因此,在拓展人脉的时候,要多注意利用你们所共同认识的朋友圈的关系,拉近双方心理上的距离。

第四,成为人脉之间的连接桥梁。为自己的老板介绍他原来不认识的朋友、客户,创造认识的机会,让他们相互认识,这样你的交际面的弹性和延展性就强了很多,而这种通过向老板引荐形成的关系,会相互连接并逐渐发展成你在企业内外的稳定人脉网络。

通过老板的熟人或者客户来拓展人脉资源,可以使人脉资源获得几何级的扩增。所以,如果你想要在短时间迅速拓展人脉,那么可以找老板的熟人或者客户帮你介绍,通过这种熟人的介绍使自己认识的人不断增多,从而达到人脉倍增的效果。

另外,通过老板的熟人或者客户介绍,可以加快你与新认识的人的信任熟悉程度,降低人际交往的时间成本。当你经常通过老板的熟人或者客户认识新朋友的时候,熟人或者客户会形成一种习惯性的思维,一旦他们有合适的新客户,就会主动介绍给你。这样一来,你的人脉资源的积累速度会大大提升。

有一名推销员向成功人士请教成功的经验。成功人士说:"想要成功,你就需要不断请求客户的帮助,让他们把自己最熟悉的三个朋友的名字和联系方式给你,这对他们来说是一件小事,但是对你来说却是不断拓展人脉的机会。"

听到了这个成功经验之后，这位推销员首先找到自己的老板。因为毋庸置疑，老板是自己的第一位客户。

从老板那里，他成功地拿到了三位最有可能推销成功的客户。从这时候开始，每当他认识新的客户的时候，都会按照成功人士传授的经验去做，不断请求客户把他们最熟悉的三个朋友的名字和联系方式告诉自己。短短几年之间，这位推销员的客户越来越多，客户群规模逐渐增大。最终，在美国保险行业的历史上这位推销员第一个使年销售额突破十亿美元，获得了巨大的成功。

另一个例子也令人印象深刻：

有一个记者，在他所在城市混得风生水起。他的消息要比一般记者灵通很多，办事也要比其他记者顺畅许多。后来，这名记者说出了自己办事顺畅的原因：原来，一般记者在采访结束之后，往往写完了新闻稿就不再联系接受采访的人了，只是保留他们的名片。后来，这位记者在偶然的机会中，从领导手中拿到了其废弃的名片，然后有心挑出一些重点名单，这些名单中的人在这座城市内有着相当大的影响力和办事权力。于是，这名记者用心记住名单中人物的细节，例如曾经取得的成就、目前担任的职位、兴趣爱好，有事没事给他们打打电话，并且不经意地在交谈过程中透露报社领导对他们成就的赞扬，暗示自己在领导心目中的地位。逢年过节的时候，这名记者会给他们送出真诚的祝福。久而久之，这名记者和大部分被他采访过的人建立起了深厚的友谊，形成了稳定的人脉资源网络，而他成为了这个网络的中心节点，成为了所有人的连接点，有什么具体事情，就可以找到施以援手的人。

掌握了人脉，你就掌握了成功的决定性因素。你需要不断学习专业知识,不断变强大,这样才能够吸引很多同行的人和你交往。

利用老板拓展人脉,可以使用以下方法:

1. 用心交友,把老板的熟人放在心上。

2. 克服社交恐惧心理,多跟随老板进入社交场合。

3. 将老板身边公开的人际脉络梳理清楚,利用共同认识的朋友圈的关系拉近双方心理上的距离。

4. 成为老板和人脉之间的连接桥梁,为老板和他不认识的人创造认识的机会,让他们相互认识。

坚持使用这些方法，长此以往，你就会积累起稳定而庞大的人脉资源,最终在创业致富这条道路上获得成功。

第三章

拼竞争力：力道要久，根基要厚

什么样的人能当老板？成功人士是什么模样？

这些问题恐怕并非简单一句话就能回答。但你要相信没有什么人是注定不能成功的，即使内向甚至天资一般的人，经过刻苦努力也可以成为亿万富豪。因此，多学习、多加强能力培养，总是会带来收益的。最关键的是，一切都要从竞争力的打造开始，而竞争力是由不同侧面构成的。

1. 领导力，从带好新同事开始

作为创业者，是否能够做好对企业员工的指挥、调动以及工作分配等事宜，对于企业本身的运行有着决定性的作用，关系到创业的成败。因此，穷小子要想创业成功，就必须要在实战中不断提升自己的领导力。

在创业之前，很多人没有足够的资金和经验。因此，可以先在大公司内获得一份工作，并努力做到管理者的职位，从而积累经验，通过在公司内部带领下属来提升自己的领导力。当然，如果你暂时没有下属，就需要从带好新同事开始。

在公司内部，想要在新同事中树立起威望，你首先需要在自己的专业内有一技之长，这样才能够服众。由于你对专业比较熟悉和了解，相对于那些新同事来说应该是他们的前辈，因此，只要你把专业特长完全发挥出来，便可以获得新同事的认可。

在展现自身能力的时候，需要注意两点：第一，你的目的是锻炼领导力，因此千万不要自己一个人闷头做事，而忘记了应该去带领和领导新同事；第二，当你发挥出专业特长而获得新同事认可的时候，的确有可能会受到众多新同事的拥戴，但这并不意味着你应该为他们的利益高声疾呼，成为他们的代言人，而去和领导叫板。因为，你不能仅仅从新同事的利益出发，而是要以公司整体的全局利益来考虑问题。

想要提升领导力，在态度方面有着如下六个要求：

第一，要懂得尊重身边的新同事。当你带领新同事们去做项目的时候，会发现不同的新同事有着各自的性格特点和工作特长。因此，你需要充分尊重每一个人及其特长，这样才能够使新同事们对你有充分的认同感，他们工作的时候才会投入，更有激情，更有动力。

第二，你应该得到新同事们对于工作的承诺。当你组织新同事工作的时候，要按照条例和法则，公事公办，坚持原则，尽量得到他们对工作责任的承诺。所谓“用人不疑，疑人不用”，当你获得新同事的承诺之后，要对他们报以充分的信任，相信人性，相信他们。

第三，摆正自己的心态，锻炼领导力并不是为了摆架子和命令新同事，而是为了更好地把项目完成。因此，对于你来说，应该要有身先士卒的态度，在某些情况下，脏活累活自己抢先干，这样可以感动对方，使他们在工作过程中更加卖力。你要记住，只有新同事们尽快成长，卖力地工作，工作才可能更好地完成。工作做好了，最大的受益人还是你自己。

第四，要学会散财攒人品。李嘉诚说过：“能挣到四分的利益，我会自己拿三分，剩下的一分利益让给合作伙伴。这样的话，以后生意会自己找上门来的。”的确，仁者无敌，工作做好了之后，要把因此获得的利益一部分让出来给新同事，这样才能使他们在日后愿意跟随你。

第五，想要“服众”，必须要有野心。如果你没有领导别人的欲望，就必然被别人领导。因此，想要锻炼领导力，你必须要有领导新同事的野心，在必要情况下，敢于承担做出决定的风险，必须要敢于决断。很多时候，很多成功的创业者在下属中建立起威望都是因为做了别人不敢做的决定，也承担了别人不敢承担的风险。

第六，善于激励，鼓舞士气。激励有两方面：一方面是物质激励，另一方面是精神激励。物质激励方面要做到赏罚分明，精神激励要学会演讲、赞美和鼓励，可以学习一下俞敏洪、罗永浩等人的演讲视频，锻炼自己的演讲能力，首先要能够让新同事们了解你的想法，明白你的意图。

在领导过程中，你还有可能遇到一批不安分的新同事。对于没能力，又不听话的新人，你可以不用理他，将来自然会被领导踢出团队；对于有能力，但是不听话的人，可以用一些"术"的手法来加以制约：

1. 让不安分的新人觉得，跟你一起做项目，会比在其他任何地方更能实现自己的价值；

2. 自己不要成为孤家寡人，你要团结并且拥有一批坚定的新人支持者；

3. 要让不安分的新人觉得，不管他动什么念头，你都有能够制约他的手段——听话的时候，要奖励；不听话的时候，要惩罚。

有一点需要特别注意，领导力并不是对别人的控制，当你想要控制别人的时候，其实你在心态上已经失控了，想要控制别人的欲望往往反映出不信任别人。追求领导力的正确态度，应该本着互利共赢的原则，只要能够把工作做好，领导力就是成功的。

当你的领导力和实战经验逐渐提升之后，相信你的身边已经聚集起一批志同道合者了，这时候，你们是一个为了完成目标而凝聚在一起的团体。如果你是团体的领导者，那么对于团体内部的事情，要做到公正宽容，要鼓舞员工的士气，时刻给员工信心。

另外，你应该把主要精力放在捕捉机遇、把握团体的发展方向、建立合理的内部秩序上，当整个秩序建立起来之后，每个新员工都能够各安其分，发挥出自己的长处，为了达到团队共同的目标而不懈努力。这样的话，你离成功便不远了。

北京万通实业股份有限公司创始人冯仑曾经以亲身经历的一则故事说明了什么叫领导力。

某次，冯仑与几位朋友一起坐车从西安到西部去，他们开车经过新疆，在戈壁滩上迷路了。戈壁滩上没有任何参照物，也没有方向指示，连手机也没有信号，这让第一次来到戈壁滩的几位“新人”无比迷茫。

过了一会儿，车子没有油了，这时候，司机下车仔细寻找，发现了一些车轱辘的痕迹，然后，他上车调整了方向，按照印记向前行驶。

司机解释说：“车轱辘的印记说明这里有其他车子经过，我们就在这里等，或许能够等到其他人。”

过了很久，终于等来了一辆车，但这个人也不知道具体方向，只知道沿着这条路能走下去。于是司机给了那个人一张字条，说：“如果你走出了戈壁滩，请在有手机信号或者电话的地方拨打这个电话，告诉电话里的人来这里救我们。”

等了很久之后，冯仑等人被人开车救出了戈壁滩。

冯仑说：“故事里的司机在戈壁滩上的表现，其实就是充分的领导力，司机的领导力体现在三个方面：第一，他能够找到正确的方向，看清戈壁滩和脚下的路，这在企业中就要求创业者能够看清企业未来的发展方向；第二，他表现出决策能力，司机找到了其他车轱辘的印记之后，把自己的车开到了印记上面，然后遇到了经过这里的人，这在企业中就要求创业者在看清了方向之后敢于决策敢于行动；第三个，他表现出执行力，敢于承担决策所带来的后果和责任，当时司机决定把车开到戈壁滩上的印记上面的时候，他知道如果自己的决策不对，那么车上所有人都会死在戈壁滩上，自己的决策后果紧密联系着一车人的性命，司机在做出决策的时候承担着风险，这在企业中就要求创业者在决策的时候敢于承担决策所带来的后果和责任。”

可以说，冯仑口中的这位司机，无疑是真正了解如何带领新人的领导者。

当然，在创业初期，有核心领导的创业者团队，相对来说更加有利于企业的发展，因为这种团队是靠着创业者的领导力凝聚起来的，同时，领导者往往是重大决策的最终决定者，所以这种团队的执行力极强。

施正荣是无锡尚德太阳能电力有限公司的创始人，创业伊始，他就体现出极强的领导力。正是依靠这种领导力，施正荣对整个团队的命令得到了充分的执行，并且使企业获得了长远的发展。

施正荣善于运用自己在团队中的个人威信和人格魅力，每个新人来到公司之后，就对他们施加影响，因此，可以很好协调整个公司内部员工和管理层之间的意见，从而达成共识，并且很快做出重大决策。

在施正荣的领导下，整个公司的组织结构表现出强大的凝聚力，保证了团队成员的努力方向和目标与公司未来的规划一致。这样一来，以施正荣为核心，所有的员工把共同目标作为行动准则，从而使整个团队持续、健康、稳定发展。

正是施正荣具有责任感、敢于决策和拥有极强的领导力，尚德太阳能电力有限公司创业仅仅三年便创造了销售额过亿的辉煌成就。

在创业初期，穷小子必须有意识地锻炼自己对新人的领导力，如此才可以保障团队的稳定发展。提升领导力有以下6个要点：

1. 要尊重手下的员工，充分尊重每一个人的人格和特长。

2. 办事的时候要按照条例和法则，公事公办，坚持原则，尽量获得员工们对项目的承诺。

3. 领导者要有身先士卒的态度，摆正自己的心态，锻炼领导力并不是为了摆架子和命令队员，而是为了更好地完成项目。

4. 要学会散财攒人品，当项目做成功了之后，要把项目获得的利益一部分让给员工。

5. 如果你没有领导别人的欲望，就必然被别人领导。你必须要有领导别人的野心，敢于担当，敢于决断。

6. 善于从物质和精神两方面来激励员工。

2. 自控力，做“学霸”式日程表

成功源于自信，自信源于超凡的自控力。穷小子想要创业发家，必须要有强悍的心理素质和自控能力，能忍常人所不能忍，能强制自己做常人所做不出的事情，要有恒心有毅力。只有这样，才能具备创业者的胸怀、眼光、魄力和素质。

想要培养自控力，首先需要控制好自己的时间，养成良好的生活习惯和工作习惯。因此，穷小子可以从拟定“学霸”式日程表开始。

“学霸”式日程表带有很强的目的性，能产生良好的自我管理与控制效果。而你需要的，则是去给自己制定严格的日工作、学习计划表，还可以加上周工作学习计划表，从而在时间上进行严格的自我管理。

做计划表的时候要注意，计划不应该过于死板，需要留有一定的空余时间，这样可以调节或者应付突发事件。一开始的时候，计划表不要排得太紧，不妨让其稍微简单一些、松散一些，等到你逐渐适应了简单的计划表之后，可以慢慢拟定排得比较紧密、执行起来比较困难的计划表。

做计划表的时候，应该本着先难后易原则，将你最不想做的事情排在日程的前面，最喜欢做的最轻松的事情排在日程的最后面，这样可以利用不断获得的成就感，充分发挥自身的执行力。

专注和投入是第一美德。有研究表明：人的注意力集中的最佳维持时间是25分钟。因此，你可以将计划表中的时间分割成30分钟一个小节，每个小节的前25分钟用来高效率执行计划，最后五分钟用来休息。

制定了计划表之后，你一定要专注而严格地加以执行。计划表中的内容不妨看做是备忘录，通过计划表可以提醒自己，什么时间该做什么事情。

对计划表的执行一定要平衡好学习、工作与生活。因此，你也需要拒绝生活中那些无意义的应酬，充分珍惜自己的时间。当然，有时候会有一些突发的琐碎的事情与计划表冲突，这时候，你需要严格执行计划表，将那些突发的琐碎的事情推辞掉。如果突发的琐碎的事情是无法推辞的，那么，你就需要临时修改计划表中的事项，但这样的修改不能太多，否则就会让计划失去意义。

计划表最关键的就是执行和坚持，不能三天打鱼两天晒网，只要你持之以恒地坚持下去，就一定能够通过计划表提升自己的自控力，获得巨大的成功。

“徽记”的创始人吕金刚当年出来闯荡的时候，根本没有什么资本和人脉，然而，凭借着强大的自控力、顽强的毅力和坚韧执着的精神，在有效的计划控制之下，当年的穷小子吕金刚如今成了亿万富翁。

1990年的时候，吕金刚只身一人从宜宾南溪来到了成都，当时的他是一个地地道道的穷小子，全身上下只有78元钱。初到成都的时候，吕金刚孤身一人没有丝毫依靠，然而，吕金刚的骨子里有股不服输的精神，凭借强大自控力，吕金刚在成都不断闯荡。

他做过厨师，做过送货司机，做过业务员，虽然这些工作岗位都不符合吕金刚的理想，但是，吕金刚勤勤恳恳地工作，按部就班地完成工作任务，同时，还给自己制定了严格的“学霸”式日程表，并且严格执行。为了完成计划，他从来都是最早上班、最晚离开的，凭借着巨大的毅力和自控力，吕金刚从工作中积累到了丰富的经验和人脉资源。

后来，吕金刚凭着强大的魄力和决断能力，决定借钱创业。他向朋友东拼西凑借了几万元钱，利用之前工作时候积累的丰富的零售业和食品业的营销经验，开始创业。1996年，吕金刚创立了成都华隆贸易有限公司，踏上了副食代理的创业征途。

万事开头难，创业刚刚起步的时候，整个公司只有五名员工，公司的业务发展在很长时间内没有丝毫起色。还是依靠着坚韧的自控力，吕金刚扛住了所有的压力，并且鼓励员工们坚持下去。他给所有的员工制定了严格的工作日程表，对何时上班、何时吃午餐、何时会见客户、何时内部交流等，都进行了严格的规定。甚至咬牙买了一台打卡机，用于公司员工的考勤。

在当时那个年代，很多大公司都没有使用打卡机。吕金刚之所以愿意花这么多的钱去买打卡机，是为了提醒自己的员工要努力工作，同时也提醒自己，要为了自己的事业而坚持奋斗！

吕金刚带头尊重公司的日程表，他努力地工作，严格执行日程表，从公司成立一直到现在，吕金刚每天都是公司里最早上班、最晚离开的人。

吕金刚的这种严格执行获得了巨大的回报，在他的带领下，华隆食品在2000年成功代理了国内外几十个知名品牌，并且在整个四川省构建了巨大的销售网络。吕金刚在拼命工作的同时也不忘学习，不断给自己充电，并且利用自己所学的知识，使用深度分销原理将企业的销售额做到了上千万元。

“学霸式”日程表的特点，在于培养一种思维，随时随地吸收掌握自己所能学习到的东西。比如，2001年，吕金刚想要代理安徽的一个瓜子品牌，他先去安徽实地考察了一番。吕金刚参观了这种瓜子的生产工艺之后发现，这种瓜子是使用中药作为辅料，经过泡、蒸、煮、晒等多种生产工艺精心加工而成的。于是吕金刚决定将这种瓜子的制作工艺搬到成都，因而成立了徽记食品有限公司。此后，“徽记”瓜子便在四川地区和西南地区热销起来。

吕金刚的故事说明：穷小子想要致富，必须要有强大的自控力，穷小子给自己拟定“学霸”式日程表，并且严格坚持，努力工作，最终一定会赢得成功！

做“学霸”式日程表的注意事项：

1. 制定计划表的时候别太死板，需要要留有一定的空余时间，用来调节或应付突发事件。

2. 最初的时候，计划表可以稍微简单一些，等你慢慢适应了计划表之后，可以逐渐变成排得比较紧密、执行起来比较困难的计划表。

3. 做计划表的时候，要本着先难后易原则，就是把你最不想要做的事情排在日程的最前面，最喜欢做的最轻松的事情排在日程的最后面。

4. 你可以将计划表中的时间分割成30分钟一个小节，每个小节的前25分钟用来高效率执行计划，最后5分钟用来休息。

5. 计划表的执行一定要平衡好学习工作与生活，你需要拒绝生活中那些无意义的应酬，充分珍惜自己的时间。

6. 最关键的就是执行力和坚持。

走上坡路很累，走下坡路很轻松，当你感觉到执行“学霸”式日程表很累的时候，那就证明你的事业正在走上坡路，你正在不断地进步，只要坚持下去，你就一定可以取得令人瞩目的成功！

【示例:周工作学习日程表】

星期 / 日程	8:30-9:00	9:05-9:35	9:40-12:00	12:00-13:20	下午	晚上
星期一	上班途中，考虑上午要谈的业务，准备谈话技巧和要点。	20分钟处理邮件；10分钟列出当日重点工作及注意事项。	……	吃饭；吃饭时和同事沟通某项工作。	……	……
星期二						
星期三						
星期四						
星期五						
星期六						
星期天						

3. 组织力，寻找一切机会控局

在创业过程中，穷小子个人的能力固然重要，但无法靠自己完成所有任务。因此，你需要建立优势互补、专业能力完美搭配的创业团队，需要积极设计团队的组织结构、配置组织资源，还需要协调各种内外关系、充分动员各种人力、物力资源——一言以蔽之，这就要求你必须要有极强的组织力。

在穷小子创业初期，由于人力、物力等资源的限制，企业的规模往往比较小，很难和业界领先的大企业相抗衡。例如，在具体的管理方面，大企业可以雇佣拥有先进知识和丰富经验的职业经理人来进行运作，而小企业却很难做到这点。因此，想要在人力资源方面超越大企业，穷小子只能通过组织出紧密团结的团队来发挥自己的优势。

作为创业者，你需要积极寻找优势互补的合作伙伴，并将部分管理权力授予他们。随着企业的不断发展，你需要有着极强的控局能力，在身边聚集起一批志同道合的人，打造出最适合的管理团队。同时，把最专业的事情交给最擅长的人去做，通过优势互补来发挥出团队的潜力，从而获得创业的成功。

在创业团队成员选择上，你还必须要注重成员的知识结构方面的区别，对于技术、管理、市场、销售等各方面的人才，要仔细加以分类，并具体应用，确保他们能处在自己最擅长最合适的岗位上，充分发挥出每个人不同的经验和专业优势。

在创业初期，你还可以根据创业项目的具体要求和所处的不同阶段来招聘不同人才，从而弥补自己身边人力资源的不足。

比如说，对于刚刚起步的项目，你需要招聘技术人员来作为主要的团队人员，推进技术的发展；对于正在发展中的项目，你应该招聘市场开拓人员作为主要的团队人员，作为营销推进的力量；而对于做得比较成熟的项目，除了技术人员和市场开拓人员之外，你还需要着重招聘有良好经验的管理人才，确保对整个团队进行良好管理。

无论是哪种招聘，最终决定结果的，都是你的控局能力。

当然，在穷小子创业刚刚起步的时候，往往不具备足够的条件来招聘充足的人才。这时候，你要充分利用人力资源的潜力，确保团队中的人员能学习和熟悉多项技能，从而使整个团队发挥出最大的效率和潜力。

想要建立一个完整的、具有高效运作能力的创业团队，你还应该注重多方面人才的搭配。不同人才之间的相互配合，可以让整个团队优势互补，发挥出最大潜力。

在挑选人才的时候，需要对不同人才加以仔细考察。

首先，团队的成员必须是有梦想、有目标的人，他们是为了共同的目标进入这个团队，而不是简单地仅仅凭借利益关系进入团队。你需要明白，利益是留不住人心的，而利益也并不利于你组织能力的发挥，虽然或许有些员工会因为一时的利益而留下，但是一旦公司陷入困境，这些因为利益而留下的员工必然会流失。更重要的是，在你试图组织起整个团队时，只关注利益的员工经常会带来麻烦，只有真正有共同目标的员工才会留在团队，才会始终对团队不离不弃。

在利用组织力改变团队之前，你还需要与每一个成员进行深入的交流，充分了解他们的个性。作为创业者，你要学会和不同风格的人打交道，从而使整个团队高效有序地发展。在组建团队的时候，需要注意团队成员的性格和能力。一般说来，团队中的成员需要具备诚实宽容的美德，并且能够换位思考，懂得为人处世的道理。这样的成员组建起来的团队才有团结、健康、积极向上的面貌，从而使整个团队达到最好的协作效果。

在创业初期，你需要建立一套具体化的员工考核方案，并且制定出员工能力发展计划，这些材料都是发挥组织力所必要的。比如，员工考核方案可以采取量化考核或者面对面交流的方式，员工能力发展计划可以通过不断的企业培训来提升员工的个人能力，这样才能够吸引高素质高水平的员工，并且有利于整个企业的长远发展，也有利于你着手调整其中的岗位、职务或人才。

建立了良好的团队之后，你需要运用组织技巧来管理你的团队。比如，你需要给团队成员一个清晰的目标和愿景，让他们有稳定的薪水，让他们各安其分，每个人都能发挥出自己的特长，并且营造出一种积极向上、平等和谐的氛围。

为了便于组织，在创业初期，不要让团队的规模太大，你应该打造出一个精干、有凝聚力的团队，力图让团队中的每个成员都能够很好地进行沟通协作，发挥出团队的最大效率。具体来说，要坚持以下四点原则：

第一，如果没有需要，不要随意增加不必要的岗位；

第二，机器能够完成的事情，尽量交给机器完成，集中人力资源做最重要的事；

第三，要有敢于试错的心态，并且能够在错误中不断总结经验，不断进步。

第四，团队中成员交流尽量简洁、干练，力图使用最短的时间达到最佳的沟通效果。

在团队组织过程中，每个人或者每个单位的总结十分重要，你可以以周为单位进行团队管理，踏实做好每一周的工作。具体的总结内容包括，让团队中的成员每周上交工作总结报告以汇报工作进展情况；仔细分析员工们在上一周遇到的问题，明确各种问题的解决方案并执行；最后，每个成员在做本周工作总结的同时，要写下周的工作计划，明确下一周应该做些什么。

来看看南京两兄弟是如何利用组织力将公司做大的：

张海波和张光海两兄弟联合创立了一家电源设备有限公司，经过努力，目前，公司注册资本已经超过了500万元，而其年销售收入将突破2000 万元。对于曾经一穷二白的两兄弟来说，这无疑是相当不错的业绩。

张海波负责公司技术层面的工作，组织创业团队进行公司产品的研发，他在自己的专业技术领域有绝对的权威，并懂得如何分配技术团队成员的工作。正是由于有张海波这样的的权威角色加以组织管理，整个技术团队才能够不断开拓市场，不断发展壮大。

张光海则负责公司的日常管理工作，他曾经在国营企业内部待了很长时间，积累了大量的团队经验。凭借着张光海的管理，整个公司内部员工工作秩序井井有条，每个人都能够发挥出自己的特长。

张海波懂技术团队的组织、具有战略眼光，张光海擅长行政团队的组织管理并且有市场开拓力。正是由于这两兄弟组成的核心团队优势互补，组合默契，才使得整个公司获得了巨大的成功。而归根到底，他们的组织能力都发挥了重要作用。

穷小子在创业初期，需要寻找优势互补的合作伙伴，打造出最适合自己的创业团队。组建创业团队要注意以下三点：

1. 在创业团队成员选择上，必须要注重成员的知识结构方面的区别，充分发挥出每个人的经验和专业优势。

2. 在创业初期，需要根据创业项目的具体要求和不同时期特点来招聘人才。

3. 在挑选人才的时候，招聘的员工必须是有梦想、有目标的人，他们是为了共同的创业目标进入这个团队而不是仅仅凭借利益关系进入团队。

建立了创业团队之后，你需要有足够的控局能力来管理你的团队：

1. 整个团队的战略清晰，有明确的行动计划，团队目标易于理解和达到。

2. 需要对整个团队的工作进度定期追踪，有信息反馈。

3. 执行力是关键。

4. 需要提高团队的沟通效率。

5. 赏罚分明。

6. 让员工主导各自的业务，为其业务负责，真正实现个人的领导力。

7. 在处理公司与员工的关系时，尽可能就事论事，从业务本身出发。

4. 学习力,假期是用来听课的

知识就是力量,知识改变命运。穷小子没有背景,没有资产,没有掌握各种社会资源,因此,穷小子想要致富,就必须要掌握各种知识,就必须要不断学习,通过学习来完成对知识资源和信息资源的占有。穷小子如果想要打败高富帅,就必须要抓紧每一分每一秒的时间,充分利用自己的时间资源,不断给自己充电,不断学习。只有这样,你才可以在竞争中脱颖而出,成为成功的老板。

成功的创业者往往具有超凡的学习能力,他们总是能够从书本和实践中发现他人没有发现的细节,并积极学习、总结经验,擅于把学到的东西与实际生活相结合,活学活用。在创业过程中,你需要充分利用时间给自己“充电”,不断提高自己的学习能力。

根据权威科学研究,以下六个方法可以大幅度提高学习能力:

第一,制定明确的学习目标。

你应该清楚你在创业的时候想要具备什么能力,准备投入多少精力和时间，然后制定一张学习进度表，并且每天早上或者临睡前坚持学习半个小时到一个小时，至少要坚持一年。

第二，进行刻意练习。

所谓刻意练习，就是进行合理的高强度学习，不断重复枯燥乏味的练习，这种学习要求高度的思想专注和集中，同时也需要具备一定的操作基础——例如背诵英语单词、设计程序或者练习口才，等等。由于刻意练习需要高度专注，练习过程枯燥乏味，大多数人很难坚持下去。对于自己不愿意学习但又不得不去学习的专业方面的知识，你可以通过不断刻意练习来提高自己。只要你坚持下去，一定会有效果。

第三，不要试图同时学习好几个方面的知识，这样会分散精力，一次只学做一件事情，每一段时间专攻某一个领域的专业知识。

第四，学习知识注定是缓慢的过程，不可能一两个月就可以迅速见到效果，要有耐心，不要急躁。

第五，对已经掌握的知识一定要定期复习和总结。

第六，对很难学会的知识和方法，要不断尝试。科学研究表明，当你尝试五次之后，学习的成功率能够提高60%以上。

一个普通女孩，名叫吴霁东，她因为利用业余时间学习摄影知识，不断提高自己的专业技能，从一个普通的毕业学生成为了年营业额达数百万的淘宝网店的老板。

1994年，吴霁东毕业之后，独自来到了福州打拼。那时候的她，还没有机会接触到摄影知识，而是在一家五星级酒店里面做营业代表，工作一段时间后她便出国学习，回国之后，她还是回到了福州，在一家中外合资企业担任业务经理。

当时，这家中外合资企业主要从事体育用品出口，随着业务工作的开展，吴霁东不断地往来于新加坡、美国、加拿大、日本等国家。她工作兢兢业业，十分认真，渐渐地，她在业界赢得了不小的知名度。

不过吴霁东的内心并不太喜欢商业。闲暇的时候,吴霁东会上网解闷。后来,吴霁东接触到了淘宝网,并注册成为淘宝会员,经常在淘宝网上购物。

某次,吴霁东所在公司需要出口一批高尔夫球具,虽然当时吴霁东在业界拥有良好的信誉和口碑,但是第一次接触的外国客户还是想要看看高尔夫球具的实物照片,于是,吴霁东就使用当时很普通的数码相机将产品拍照片,然后把照片发给顾客。

吴霁东这样拍了几次之后,忽然发现自己在摄影中获得了成就感,那些呆板的高尔夫球具被自己拍摄得栩栩如生,感觉那么美好。于是,吴霁东逐渐迷上了摄影。

自从对摄影产生了兴趣,吴霁东整天握着相机到处学习拍摄。她专门找到福州摄影协会的会员请教摄影方面的问题,学习拍摄风景的各种技巧。后来,吴霁东还找到了香港著名的商业摄影师学习摄影方面的各种知识。

无巧不成书。后来,吴霁东所在的公司开始代理一种新出口的摄影器材,由于吴霁东对摄影的喜爱,这款器材的国内市场开发工作便交给她负责。

由于这款摄影器材性价比很高,包括了专业摄影师的全部设备,并且操作简单。凭借着自己在摄影方面的专业知识,吴霁东断定这款器材很适合网络店铺或者外贸公司拍摄产品图片使用。由于她在淘宝网上面有过不少购物经验,对于网络销售模式比较了解,所以吴霁东决定把握这个机会,凭借自己在摄影专业方面的知识,独立创业。

说干就干,吴霁东辞掉了自己在公司的业务经理职务,开始在淘宝网上面经营网店,出售这个系列的摄影器材。她的淘宝网店名为“东东小铺”,小店开张第三天便迎来了第一单生意——来自长沙的客户决定订购一套这个系列的摄影器材,后来,这个系列的摄影器材销量一直很火爆。

吴霁东喜欢学习和分享摄影方面的各种知识，经常在摄影论坛上与客户们交流分享摄影经验和摄影心得，而且当上了淘宝网摄影论坛的副版主。在当副版主期间，吴霁东充分展示自己在摄影方面的知识，赢得了广大摄影爱好者的认同。

在开东东小店的同时，吴霁东不断给自己充电，她一直在学习Photoshop、网页设计和网店经营等各种知识，不断提升自己的竞争力，不断提高摄影专业技能。这样一来，买家和她交流摄影方面知识的时候，对她产生了极大的信任感。虽然后来摄影行业的竞争对手增加了很多，但是凭着不断学习而掌握的精湛摄影专业知识，很多顾客都愿意与吴霁东进行交易。

同时，吴霁东利用业余时间不断充电，对于自己经营的摄影器材进行了深刻的学习和研究，她对自己的产品的熟悉程度在同类店主中首屈一指。正因为如此，她才能够为自己的顾客提供专业的建议和服务，赢得买家的信任，不断拓展客户，使自己的生意越做越大。

吴霁东觉得，开网店，最大的考验就是强化自己的专业知识，不断充电学习，不断提升自己，找到自己的亮点，然后用心投入，认真经营，这样可以获得很好的回报。后来，当她回忆起自己在基层工作的八年，她觉得虽然当时自己觉得工作很辛苦，但是却能够真实地了解顾客的需求，这些学习来的经验和知识，为自己开网店时与顾客更好地交流奠定了基础。

在东东小铺开张一年的时候，吴霁东已经成为了淘宝三钻会员。她的网店开张第一年，东东小铺的销售额便已经达到了70万元；网店开张第二年的销售额达到了120万元。目前，东东小铺占据了淘宝网摄影市场七成以上的市场份额，每年的营业额可达数百万元。在淘宝网的摄影器材行业之中，吴霁东的东东小铺已经成为一个响当当的品牌。对于自己的成功，吴霁东总结道：“享受生活，然后把精力放在学习和研究上。”

吴霁东的故事说明:穷小子可以利用自己的业余时间,去丰富自己的专业知识,不断学习充电,不断提升自身竞争力,这样才可以获得成功。

提升学习能力的方法是:

1. 明确目标。

2. 把学习变成习惯,每天坚持刻意练习。

3. 每次只做一件事。

4. 定期总结,反复实践。

想要发财,你就先要努力学习各种知识,专注做事,争取成为行业的专家,把工作做到极致,学会站在客户的角度思考、分析问题。只有通过不断学习,不断充电,你才可以提升自己的竞争力,成为真正成功的老板。

5. 暗示力，名片、名表、名笔一个不能少

在商业社交场合，人们往往更喜欢和成功人士交往，这并非没有道理。

穷小子在创业初期，虽然没有成功人士已经拥有的财富，但是应该拥有成功人士的心态，只有展现出强大的自信和个人价值，才可以吸引更多的人与你交往，并不断积累那些隐性的资源。

成功人士的气质并非一朝一夕能修炼成，但你可以通过心理暗示的技巧来达到。这是因为很多时候，人们并不会从理性层面来分析和判断一个人，反而喜欢根据直接的暗示来评价一个人。因此，你可以通过一些外表上的暗示因素，为自己打造一个完美的形象，从而提高自己在对方心中的位置。

在商业社交场合等中，一些通用的技巧都可以用来来提升自己的形象和价值：

例如，你可以在商业社交圈子的人群中心出现，与社交圈子中的中心

人物亲切对话，从而向周围的人暗示自己具有一定的身价；

你可以不经意地把奖章挂在衣服上，暗示自己是有荣誉功勋的人物；

当然，最重要的暗示因素，是你自己表现出来的谈吐特点。在商业社交场合中，你应该露出镇定自然的神情，同时，昂首挺胸，正视对方，暗示自己的自信；而在谈判的时候，你不妨根据谈判进度，观察节奏，并提出具有一定观察深度的问题，来暗示自己在商业谈判中占据了有利地位；当你与对手或者合作伙伴交谈的时候，可以不经意间提到自己认识的名人，这样可以向别人暗示自己具有的价值；商务宴席的时候，你可以坐在背光或者角落处，暗示自己是宴席中重要的人物；商务场合发言的时候，你应该慢点说话，暗示出自己的沉稳与镇定庄重；当你在合同上面签字的时候，你应该把自己的签名写大方一些，暗示自己的实力与自信。

另外，你可以在自己的办公室内摆放一些贵重的的艺术品，暗示自己拥有过人的财力与艺术眼光；当你和合作伙伴探讨商业信息的时候，你应该对产品信息或者企业特点做出详尽的描述，暗示自己对这个商业领域的信息十分了解；在社交场合，你还可以不经意间透露出一些别人很少知道的知识，暗示自己见多识广、比较博学……

科学研究表明，很多时候，这样的暗示比事实更加具有说服力，人们往往喜欢相信自己得出的判断。因此，上述这些暗示力，很多情况下就是比说服力更加有效果。

有这样一个真实的故事：

某人到医院就诊，他告诉医生，自己的身体非常难受，而且精神上也非常颓废，他甚至怀疑自己患上了十分严重的病症。经过医生的检查，最终发现他并没有任何疾病，只是自己的疑心导致身体压力过大而已。但是他并不相信医生的诊断，始终认为自己有病。

后来，一名心理医生替他治好了这种病。心理医生对他说："以前替你诊断的那些医生说的都是错的，其实你患上了非常严重的疾病，我这里有种特效药，是最新研制出来的，可以治好你的这种疾病。”

心理医生给病人开了一个疗程的注射药，疗程结束之后，病人的疾病果真好了。其实，这名心理医生只是给病人注射了最普通的葡萄糖而已。

这名所谓的病人当然根本没有病，只不过病人自己给自己心理暗示，并因此而始终相信自己有病，所以出现了患病的症状。直到心理医生通过所谓的“特效药”解除了病人的心理暗示，病人的症状才得到了恢复。由此可见，心理暗示有着多么重要的作用。

因此，在商务场合，你更需要佩戴名表、名笔，穿上名牌皮鞋和西装，这样你便会给别人制造一个成功人士的形象。这些外在物品可以提升你在社交场合的个人价值——当你佩戴这些代表财富的物品的时候，与你交往的人会直接根据这些东西来作出下意识的判断，他们会在心理层面认为你有极高的个人价值。高价值的人在社交场合有着无与伦比的优势，这样你便可以在社交场合结识很多行业内的成功人士。有了成功人士作为人脉资源，你的创业道路会平坦很多。

在创业过程中，你还应该借助名人的名气来对客户进行心理暗示，让这些名人同那些名表、名笔或者品牌服装一样，起到立竿见影的广告效果。

某位音乐学院的教授给自己的学生听两张唱片，其实，两张唱片的录制者水平是一模一样的，但是教授对自己的学生说：“我这里有两张唱片，一张是著名音乐家演奏的，另一张是一个普通大学生演奏的。你们仔细听一下，看两张唱片有什么不同。”结果，这些经验尚浅的的学生们都认为著名音乐家演奏的那张唱片音乐细腻而华美，普通大学生演奏的唱片音色相对一般。实际上，两张唱片是完全相同的，这就是心理暗示的作用。

利用这样的心理，让名人在某种程度上成为你的装饰品，并不难做到。

健力宝创始人李经纬，原本只是某个普通酒厂的厂长。在亚运会期间，他听说需要运动饮料参与包装，于是便邀请体育科研所的专家研制出了健力宝的配方。

为了找到有效的暗示因素，李经纬拿着配方到达了深圳百事可乐公司。他拿了一些百事可乐的空罐子，然后送到包装公司，要求参考百事可乐设计健力宝的外形包装。这样，百事可乐就成为了他的第一个暗示因素。

当包装设计好了之后，李经纬托关系将健力宝送到了亚洲足联的主席台上，然后，李经纬找到了事先答应帮忙的记者。当亚洲足联主席拿起健力宝观察的时候，记者们迅速拍下了这张照片，并且在报纸上刊登了标题为“亚洲足联主席畅饮健力宝”的广告，这样健力宝便借着亚洲足联主席的名气迅速提升了知名度。

后来，健力宝还利用了美国总统的名气对于人们的暗示作用，迅速提升了品牌的知名度，从而获得了成功。当美国总统克林顿及夫人准备发表竞选演说时，健力宝的公关人员已经提前将健力宝送到了克林顿的游轮上，同时健力宝的公关人员提前联系了国外的新闻记者。克林顿演说结束，口渴而饮用健力宝的时候，新闻记者们纷纷拍照，将克林顿畅饮健力宝的画面记录了下来。后来，美国各大知名报纸纷纷刊登了克林顿畅饮健力宝的照片。一时之间，健力宝在国际上的知名度迅速提升。

上面的例子中，音乐学院的教授通过语言描绘的暗示力，来提升了唱片在心理层面的价值；而健力宝采用的策略便是直接利用名人的宣传效果，从心理暗示层面来提升产品的品牌宣传力。

总之，在社交场合，你可以佩戴名表、名笔，穿上名牌皮鞋和西装，这样你便会借助心理暗示的作用给别人制造一个成功人士的形象；谈话的时候，你可以使用一些暗示性的语言来提高自己在心理层面的身价；做产品的时候，可以借助名人效应的暗示作用来对自己的产品进行推广。巧妙地利用心理暗示技巧，你会在创业道路上迅速获得成功。

6．形象力，下血本添点好行头

在创业初期，穷小子需要和各种不同的人打交道，因此，你的着装打扮和言谈举止等外在形象，显然会给对方留下深刻的印象，并且影响他们日后对你的判断。可以这样说，你的外在形象的好坏直接影响了你在社交活动中的成败。因此，穷小子必须要下血本添好行头，在社交场合塑造出完美的个人形象。

当你与人初次相识时，由于双方之间相互并不熟悉，对方往往喜欢凭着服装和仪表来判断你的经历和实力，因此，在社交场合中，你首先要注意自己的服装。穿着一定要得体适宜。例如，过于老旧的服装，会让对方觉得你性格比较古板，而过于新潮的服装，又会让对方觉得你这个人比较轻率。因此，服装的风格要适应当前的社交场合。而最值得你穿着的自然属于性价比较高的商务着装。

商务着装，一般分为商务正装、经典商务装、商务休闲装、完全休闲装四种。

商务正装，一般是直线条风格、棱角分明，服装颜色的深浅对比强烈，布料硬挺，可以凸显出你的严谨态度和工作的权威性。

经典商务装，一般布料较软，设计较为休闲，可以凸显出典雅的风格。

商务休闲装一般是在随意休闲的设计特点基础上，增加一些专门设计的元素，可以凸显出平易近人的着装风格。

完全休闲装的设计元素一般较为随意，颜色深浅对比较弱，布料柔软，无领设计，可以凸显出亲切平易的着装风格。

在重要的社交场合，穷小子尤其要注重自己的着装，比如面试、年终业绩评估、与客户会面、开会、演讲、接受媒体采访等场合，应该挑选上述不同的风格元素。

另外，不同职业对于服装风格的要求也有差异。一般来说，行政管理人员比较适合穿经典商务装，服装的风格应当具有权威性，显得比较正式经典、尺寸合体，服装的风格则应当注重整体的协调性；销售与服务人员比较适合穿商务休闲装，服装的风格应该平易近人，显得更加休闲，虽然并不一定是套装，但是休闲装必须是上下颜色、款式、纹理协调；从事创意和设计的人员的服装应该时尚前卫，更趋休闲风格，彰显自己的个性，服装可以是严格定制，也可以是随意定制或者休闲款式；从事体力工作或者现场工作的人比较适合穿耐磨耐用的服装，一般是经典的衬衫和裤子，比如工装或者制服，等等。

另外需要把握的原则是，你在重要的商务社交场合活动时，不要穿以下类型的衣服：有明显破损或者有污渍的衣服；过于紧身或者布料太过透明的衣服；明显暴露的衣服；有暗示意义的口号、图片、文字的衣服；运动衫、短裤、拖鞋、凉鞋、运动鞋等不适合商务场合的服装；没有穿袜子就穿皮鞋。

其实，在社交过程中，形象不仅局限于服装，更受到言谈举止的影响。

想要好的个人形象，言谈举止应该亲切平和，要有开朗热情的心态，放松心情，保持自己原有的个性和气质。

幽默是说话的最佳艺术，在谈话过程中，尽量让自己的语气显得幽默轻松，这样能使整个谈话的氛围变得更加轻松活跃。如果谈话中出现了分歧，幽默的语气同时可以成为社交过程的润滑剂，来缓冲谈话中的分歧并且消除窘境。当然，你还可以在平时背诵一些幽默故事桥段，然后在谈话的时候自然而然地加以引用，这样可以提升自己的幽默感。

在社交过程中，具体的行动还应该展现出性别魅力。男士应该宽容大度，表现出自己的阳刚之气，不应表现出嫉妒和狭隘的心理，更不要表现得优柔寡断、扭扭捏捏。女士应该尽量表现出温柔仁爱、谦恭热情的特点，这样还可以吸引男性的注意力，更加容易获得领导或者客户的认同，有利于社交的成功。

无论哪种性别，在社交过程中都需要保持微笑，笑不露齿，脸上始终挂着微笑，这样可以使谈话的对象感觉心情放松愉悦，也可以提升自己的个人魅力。

其实，对个人形象的打造，越来越受到普通职场新人的重视，而这也成为新的商机。

大学生毕业之后，很快会面临求职的问题，由于这时的身份面临着从学生到职场人的转变，因此蕴含着诸多领域的机会，比如说技能培训、面试指导、就业推荐、面试服装等。

中意斯正装网的创始人谭中意便是通过服装电子商务项目获得了巨大的成功。

2006 年初，谭中意即将大学毕业，为了能够得到更好的求职面试结果，他想要买一套面试正装，然而，他跑遍了当地的许多商场，才发现商场内的正装价格都很昂贵，而且很难买到合身的正装——商场里面的正装一般都是成千上万的价格，普通大学生根本买不起，更何况，一般的正装通常是为三四十岁的商务人士设计的，正装的体型和尺寸根本不适合大学生。

发现了这些问题之后，谭中意觉得高校毕业生对于面试正装有着巨大的需求，这应该是一个很好的创业点。

2008年6月，谭中意开始辞职创业，进入了求职正装的市场。谭中意首先想到以电子商务的形式来开展，他将办公地点设置在了北京的五环以外，然后在网上开展生意。当学生们在网上订购了正装之后，谭中意的团队员工就会到学生宿舍测量学生的身高、腰围等尺寸，然后按照尺寸订做。

为了寻找性价比最好的货源，谭中意亲自到广州、温州等著名的服装工业聚集区寻找，最终和一个厂家的老板签订了合同。后来，谭中意发现订做服装会多出很多不必要的麻烦，于是便改变了商业策略，以提供成品衣为主，订做衣服为辅。

为了更好地提供成衣，谭中意进行了大量的调查，收集了学生群体在体型方面的数据，然后利用统计软件，进行科学的统计，根据这些数据描绘出大学生体型方面的规律，然后按照其具体的体型规律开始制作不同的尺码。

为了促进自己开发设计的成衣营销，谭中意将公司的办公场所进行了搬迁，新的办公场所安排到了大学生创业基地中，并且在各大高校附近开设了实体成衣店。后来，他的生意越做越大，还设计注册了自己的商标，并且和多家服装厂建立了合作关系，他的订单数目不断扩大，生意也越来越火爆。

下面的要点适合穷小子加以整理和注意：

在面试、年终业绩评估、与客户会面、开会、演讲、接受媒体采访等重要场合中,穷小子要始终注意自己的形象力。当你与人初次相识的时候,由于双方之间相互并不熟悉,所以人们往往喜欢凭着服装和仪表来判断一个人。因此,你需要下血本添点好行头,根据不同类型的场合来选择商务正装、经典商务装、商务休闲装、完全休闲装等服装。社交过程中,言谈举止应该亲切平和,放松心情,保持自己原有的个性和气质。在社交过程中,应该展现出性别魅力,要保持微笑,这样可以使谈话的对象感觉心情放松愉悦,也可以提升自己的个人魅力。当你的形象力提升之后,自然会在社交场合获得成功,这样可以积累人脉,从而获得创业的成功。

7．沟通力，说好每个故事

创业过程中，你必然会和团队的核心人员以及企业员工、合作伙伴、投资方等多方面的人接触，因此，在交往中，你需要妥善处理各种关系。这样，沟通能力对于成功的创业者来说格外重要。在创业过程中，你一定要多和人进行和谐的交流沟通，让员工和合作伙伴了解你整体的思维，这样才不容易形成隔阂、误解和偏见，自然也就有利于企业和个人的长远发展。

想要提高沟通力，首先应该积极摆正自己的心态，学会倾听的艺术，少谈论自己，多谈论对方。

具体来说，你应该在谈话过程中，尽量避免封闭性的提问。比如，当你见到员工之后，你可以打招呼问道："你中午吃了么？"这个提问就是封闭性的提问，而这种情况下，员工只能够回答"吃了"或者"没吃"这两个答案，这样就会让整个谈话陷入僵局。正确的做法是进行开放性提问，你应该去问员工："你今天中午吃了什么？" 这个时候员工的回答可以是多种多样的，比如说，“我今天中午吃了龙虾、海带、米饭……”，这种开放性的提问可以引出更多的话题，促进整个谈话过程的继续发展。

在谈话过程中，你还可以和对方多谈一些彼此都熟悉的问题。比如说，与技术员工沟通的时候，就要多谈论专业方面的问题；与客户沟通的时候，就要多谈论产品性能方面的问题；与投资方沟通的时候，就要多谈论资金来源方面的问题。

值得注意的是，当你和领导沟通的时候，应该多和领导谈谈自己的工作情况、自己在工作上面临哪些困难，然后可以进一步深入，聊聊生活、思想变化，甚至是家长里短等其他话题，从而拉近彼此之间的距离，同时还可以让领导对你有比较全面的了解，有利于工作的进展。

另一方面，当你和员工或者同事沟通的时候，更多需要的还是你在专业方面的能力，比如技术发展上面临的问题、业务方案的讨论、怎样更好地协调工作，等等。

应该关注的是，当你和业界或者公司内前辈沟通的时候，你需要做到谦虚谨慎，多思考，对于自己不甚清楚的问题，应该先去查阅资料确认问题的来源或者背景，如果你通过查阅资料依然弄不懂的话，可以虚心向前辈们请教。和前辈沟通的时候，在说话时，千万不要出现令人误解的语气，而要多从前辈的角度考虑，学会总结，每次谈话之后，还可以记录一下和前辈谈话所学到的经验。

当你和客户沟通之前，一定要有充分的准备，最好先从侧面渠道了解你的客户，然后拟定一个沟通计划书，在计划书上，你应该清楚地列出沟通内容要点，沟通想要达到的目的等。

在沟通初期，你应该以解决问题为第一要点，等到你在不断实践的过程中将沟通能力提高了，可以再着力于具体沟通技巧的提高。平时可以多准备一些热场、润场的素材和话题，并背诵下来，这样，在谈话的时候便会多出许多有趣的谈资，可以使你在沟通过程中更加顺畅。

如果你想要进一步提升沟通能力，可以去读一些心理学的书籍，或者参加专门的职场能力培训班。

有一家专门研究技术应用开发的公司，这家公司的核心团队高级管理层有5人。

团队中的核心人物程老板，曾经只有最普通的学历、最普通的工作履历，但是，他每天都会与高级管理层的其他人进行沟通。他们的沟通是深入的，程老板通过每天的沟通，充分了解他们的思想动态和工作中一点一滴的事情。

除了核心团队高级管理层之外，是部门经理层，程老板会定期与部门经理们吃饭，进行非正式的聚会交流，联络感情。对于公司的普通员工，程老板也会进行不定期的联络，了解员工们的思想动态和工作状况。

程老板说："我们公司从最初创业一直到现在，已经走过了十年的路程。这十年以来，公司之所以能够不断发展，就是因为在我的推动下，我们公司建立了坦诚透明的沟通机制。在公司内部，不管和谁沟通，我都会尽量让沟通变得坦诚开放，尽量保证整个沟通过程透明、有效。只有真正坦诚的沟通，才能够产生极强的凝聚力。这样，沟通才是使整个团队不断前进的关键。"

交大铭泰信息技术有限公司的总裁何恩培，在公司内部十分注重沟通文化的培养。当员工们朝着一个具体的目标而拼命奋斗的时候，何恩培会冷静地看清公司前进的方向，并且与员工们沟通交流，向员工们及时展现出方向的变化，帮助他们积极地更换思维方式，从而使整个公司朝着高效、有序的方向前进发展。

何恩培说："团队的领导一定要学会沟通。作为一个团队的领导，应该努力成为团队中每个人的镜子，这样，当你和员工们沟通的时候，你就能像镜子一样使员工们对自己的行为和方向看得清清楚楚，使员工们知道自己应该朝哪个方向走。比如说，员工的领带打歪了，但他自己并不知道，但是当员工照镜子的时候，他便知道了。在整个公司内部，我并不需要太聪明，我只要做好一面善于沟通的镜子，因为沟通能够使员工们看清公司前进的方向，这就足够了。”

总之，想要提高沟通力，首先要摆正自己的心态，要真诚，学会倾听，少谈论自己，多谈论对方。在谈话过程中，尽量避免封闭性的提问，进行开放性提问。在谈话过程中，尽量多谈一些彼此都熟悉的问题。与客户沟通之前一定要有充分的准备，可以拟定一个沟通计划书，在计划书上列清楚沟通的目的、内容要点等。可以去读一些心理学的书籍，或者参加专门的企业能力培训班。平时可以多准备一些热场、润场的素材和话题，并背诵下来，这样在谈话的时候便会多出许多有趣的谈资，可以使你在沟通过程中更加顺畅。

沟通需要以真诚的心态为基础，尊重自己和对方心中的感受，使沟通的双方能够相互理解，这样才有利于整个团队的稳定和凝聚，构建出团队文化，更好地发挥出团队的创造、协作能力，从而使创业走上成功之路。

8. 想象力，让胆子再大一点

成功的创业者，一般都具有超越常人的胆识和魄力，由于这样的原因，他们才有胆量、有勇气去做别人不敢做的事情。这是因为从某种意义上来说，创业本身也属于一种冒险，创业者需要有敢于拼搏敢于下赌注的精神，甚至要有赌徒一般的心理承受力，这样才可以做出常人所做不出来的大事业。

想要创业，穷小子首先要有超凡的想象力，让自己的胆量大一些。你必须要有破釜沉舟的精神，勇往直前，不要畏惧。你应该能够将创业当成一种必须面对的挑战，勇敢地直面挑战，要有"敢叫山河日月换新天"的霸气和豪情。

对于创业者来说，个人资质和出身环境并不是最重要的，重要的是要有一股不怕输、不服输、顽强拼搏的精神，当你具有了那种超越自我的能量之后，你将会发现自己最终会走向成功，能够战胜所有的坎坷和困难，最终成功创业。

曾经的创业者经历,证明创业需要胆量,需要想象力和敢拼敢闯的精神。

有资料调查表明:在中国富人的十大财富品质中,个人胆量和冒险精神,是被广泛排在第一位的创业品质。

“富贵险中求”,这句话并非完全没有道理,有胆量敢于冒险的创业者一般选择和抓住机遇的能力比较强,承担的风险高,获得的收入就会很高。这是因为市场经济的规律是物以稀为贵,什么东西稀少,什么东西就越能够赚钱。在成功创业者所必须具备的诸多品质中,胆量和冒险精神是最为稀少、最为珍贵的品质,所以,拥有冒险精神的创业者往往能够获得无与伦比的巨大成功。

曾经有两个能力相当的国企工人,他们的日子过得都很普通,但结果却并不普通:第一个人感觉自己的能力在国企中不能够完全发挥出来,所以自己下海创业,现在已经拥有了千万元的资产;第二个人觉得在国企工作比较安稳,而下海创业需要冒很大的风险,他无法直面这样的风险,所以一直在国企工作,后来却因为企业经营状况不好而被迫下岗失去了工作。

两个能力相当的人,最终面对的却是不同结局,原因就在于一个人拥有胆量和冒险精神,而另一个人追求平稳、不敢冒险。

胆量和冒险是成功创业者精神的重要组成部分,但是,胆量和冒险精神并不是一味地冒进赌博。

有一个故事可以很好地说明冒险精神和冒进赌博的区别:漆黑的山洞里面有一大堆金子,假如这个山洞是一个狼洞,你进去把金子拿出来了,那就是冒险精神,因为狼有很大的概率不在山洞里面;但是假如这个山洞是一个老虎洞,你进去把金子拿出来了,那就是冒进的赌博,因为老虎白天一般都喜欢待在山洞里面睡觉;另外,假如这个山洞里面没有金子而是只有一捆柴火，那么即使这个山洞是一个狗洞，你也是冒进赌博。

胆量和冒险，是一个人通过努力和承担风险，获取了有价值的东西，但是如果风险太大、你承担不起，反而因此可能丢掉了性命，那就是无意义的冒进赌博。同样，如果经过努力和风险之后，获取的东西没有足够的价值和意义，那也一样是冒进和赌博。

有一项权威的统计调查表明：许多成功的创业者都具备超凡的胆量，他们不会去冒进，只会去冒险，他们拥有在超凡的想象力指引下的进取精神。

巨人集团的创建者史玉柱便具有超凡的胆识，当年，他花费几乎所有的资金开发出了桌面排版印刷系统。当系统成功开发出来之后，史玉柱只剩下四千元钱了。

在这种情况下，史玉柱忽然想做广告宣传桌面排版印刷系统，他坚信，只要通过广告的宣传，自己的桌面排版印刷系统一定可以获得成功。

因此，史玉柱凭借着超凡胆识，向《计算机世界》杂志定下了一个8000多元的广告版面，当时的约定，是十五天后再付广告费。随着广告在《计算机世界》的刊登，前12天，史玉柱的桌面排版系统一份也没有卖出去。但是，史玉柱坚信自己的桌面排版印刷系统一定可以在未来赚取大利润。到了第13天，史玉柱卖出了第一份桌面排版印刷系统，并且用赚得的钱还清了广告费。

两个月之后，史玉柱的广告发挥了越来越大的作用，他的桌面排版印刷系统迅速畅销了起来，史玉柱迅速赚到了十万元。不过，史玉柱并没有满足，他将获得的十万元利润再次全部拿出来做新的广告。随着客户口碑越来越好，史玉柱的桌面排版印刷系统获得了巨大的成功，仅仅四个月之后，史玉柱便成为了百万富翁。

如果是安于现状的普通人，根本不会有史玉柱的胆量和魄力。史玉柱当初向《计算机世界》杂志刊登广告时，明白自己剩下的资金根本不够付广告费，但是他依然有莫名的勇气，坚信自己的桌面排版印刷系统可以成功，凭着超凡的胆量，最终获得了成功。

孙广信也是这样一个有充分勇气的创业者。

2012年福布斯中国富豪榜上，孙广信以195.3亿元的身家排到第14位。

孙广信，最初只是在乌鲁木齐做小生意的个体户。后来，当地有一家做粤菜的酒店倒闭了，酒店老板因为欠债而放弃了生意。孙广信到他留下的酒楼里面参观了一下，发现酒楼的地理位置和门面很好，于是，孙广信就找朋友借了70万元把酒楼承包了下来。

在那个年代，70万是一笔很大的钱，如果是普通人，根本不会有胆量有魄力一下借这么多钱全部投入创业。但是孙广信相信自己的眼光和判断力，所以有魄力有胆量这样做。

把酒楼承包下来之后，孙广信更是令人惊讶地继续做这家粤菜酒楼，他专门请来了广东的厨师，专门做一些广东特色菜。和之前一样，由于这个酒店处于乌鲁木齐市中心，当地的新疆人以前没有吃过海鲜，所以酒店的生意在一开始的时候非常惨淡。仅仅四个月之间，孙广信的酒店便亏损了17万元。

换做别人，亏损了这么多钱之后，自然会产生怀疑，决定收手不干了。但是，孙广信并不一样，他始终坚定自己的信念，始终认为自己能够成功。因此，孙广信不但没有收手停止，而且继续追加广告做更大宣传，并通过菜肴的大减价等手段来充分吸引顾客。就这样，靠勇气坚持了几个月之后，孙广信的酒楼终于盈利了，并且赚了大钱。

随着生意的发展，一位客人在孙广信的酒楼里面定下了5000元的酒席。在当时，5000元是一笔比较高的款项。孙广信当时很好奇到底是什么人这么有钱可以定下这么奢侈的酒席。于是他侧面打听了一下消息，原来这个定酒席的人是做石油生意的。就这样，孙广信开始把注意力集中到了石油生意上面，开始做石油，并且获得了巨大的成功。

可以想象，如果孙广信没有足够的勇气去坚守自己的创业，就无法获得后来的成功。

另一个案例，也说明创业需要勇气和坚持。

北京婷美董事长周枫，最开始带领团队开拓婷美项目的时候，整个项目花了400多万元，但是依旧没有成功。因此，所有的合作伙伴都对项目失去了信心，他们积极主张，想要把这个项目给卖掉，但是周枫坚决不同意。

争执的最后，周枫干脆自己掏钱把整个项目买了下来，并且把私人的房产作为抵押，到银行贷款300万元。在这笔资金中，周枫留下了5万元作为员工的工资，将剩下的295万元全部用来做广告。最终，两个月后，婷美项目获得了巨大的成功，周枫也因为这样的成功而变成了亿万富翁。

周枫成功的主要原因是产品合适、营销手段合适，但是，周枫本人具有超凡的想象力和胆识也是成功的关键。由此可见，胆量和冒险精神，在很多时候可以直接决定个人创业的成败。

由此可见，创业必须要有胆量和冒险精神。你不能畏惧，你需要有坚定的目标和勇往直前的魄力。你必须要具备强者的心态和以下3点能力：

1. 敏锐的判断能力。你需要准确分析形势，尽可能从国内外视野角度分析经济规律及同行业竞争情况。

2. 果断的决策能力。敏锐的判断之后需要果断而大胆的行动，敢于力排众议，并且全力以赴地执行决策。

3. 坚定的抗干扰能力。你必须要坚定不移，不被其他人的观点所干扰，认定了目标之后就义无反顾地去拼去闯。

第四章

聚人脉：范围要广，利益要远

一条100%真实的成长经验这样说：角色定位一改变，人脉格局也就会改变。你的角色变了，原来圈子里每个人相对于你的意义也就变了。

当你的角色从员工转变为创业者时，大学时最疏远的同学，可能就是你最重要的客户；以前工作中最讨厌的对手，可能成为你最强劲的帮手；即使是以前相处得并不愉快的老板，也许就是你的第一个天使投资人……

对于“人脉”这件事，在创业的实践中一定要不断有新的认识眼光和应对方法。

1. 面对同事的“吃亏”之道

中国有句古话说得好:“吃亏是福。”想要能够在创业过程中获得成功,你必须要学会主动“吃亏”,因为你可以通过不断表面上的“吃亏”,积累实在的工作经验、积累丰富的人脉关系。因此,在创业或者工作过程中,你需要学会“主动吃亏”。

所谓“主动吃亏”,就是主动争取那种看上去“吃亏”的机会。例如,其他同事不愿意做的事情,或者创业伙伴感到做起来困难的事情,你反而抢着去做,抢着去吃这样的亏。

为什么需要这样?这是因为别人拒绝做的事情,你抢着做,看起来是一种个人利益的损失,但另一方面,老板或者合作伙伴,会对与众不同的你更加看重,这样的看重虽然在当时不一定会表现出来,但是别人会记在心里,日后当你做事情遇到困难的时候,别人会因为这样的看重,甚至为了还这一份人情帮助你。

这样，在“主动吃亏”的同时，你做了别人不愿意做和困难的事情。同时，你的办事能力也会获得很大的提高，这样你可以快速地积累大量经验，这些经验都是你通过“主动吃亏”赚来的。

爱因斯坦说过：“判断一个人的价值，应该看他贡献什么而不应看他索取什么。”

做人做事都是如此，正因为每个人都有人性中喜欢占便宜的一面，而你选择主动吃亏去承担义务和责任，让他人占一些便宜，那么别人会感觉你是很好的下属、很好的合作伙伴，这样，你可以通过“主动吃亏”的方式迅速积累大量的人脉。

从深层次来看，当他人占你便宜之后，内心会产生一种人情上的亏欠感，所以，在日后你需要帮助的时候他们很可能会回报你。这些回报产生的收益，有可能要比你当初“吃亏”付出的东西要多得多。

因此，当你选择“主动吃亏”的时候，不要认为自己受到了损害，而应该抱着一种平和自然的心态。因为不是每一次“主动吃亏”都必然有回报，因此不需要抱着一种索取的心态去“主动吃亏”。不要斤斤计较自己主动吃了多少亏，不必总想着什么时候才能够把自己“主动吃亏”付出的东西赚回来，而是应该以一种真诚、勤劳和无私的态度来对待“主动吃亏”。

李嘉诚曾经对“主动吃亏”有过一段精辟的言论：“有钱要大家一起赚，有利润的时候要大家一起分享，这样才会有人愿意和你合作。拿到10%的钱是合情合理的，拿11%的钱也是可以的，但是如果你只拿9%的钱，把多出来的那1%的钱让给你的合作者，日后你就会财源滚滚。”

很多时候，创业者会出现这样的问题：他们在面对合作伙伴或者客户的时候愿意主动吃亏，但是在面对公司内部员工的时候，却很难做到主动吃亏。实际上，当你愿意对自己的员工“主动吃亏”，将一部分利益主动让渡给员工的时候，整个公司内部会出现一片团结的氛围，公司自然就会基业长青、财源滚滚，能将事业做大做强。

曾宪梓是著名的领带大王。当年，曾宪梓仅仅只用了6000港元的资本创立了香港金利来集团，凭借着不断聚集的人脉，金利来集团不断发展壮大，如今曾宪梓先生的资产已经超过了20亿港元。

曾宪梓先生之所以发家，正是因为他主动“吃亏”，不和他人争夺遗产，从而换来了他人的帮助，获得了巨大的成功。当曾宪梓一开始和合伙人工作的时候，不主动争取利益，采取主动“吃亏”的方式，从而在创业的时候得到了帮助，获得了成功。

在曾宪梓4岁时，父亲不幸病逝，他的父亲曾经与叔叔一起在泰国做生意，因此，父亲病逝之后，留下的两间小杂货店一直由叔叔打理。后来，日军和当地的流氓在战争期间洗劫了小杂货店，叔叔凭着不怕吃苦的精神白手起家，坚持经营了二十年，小杂货店不断发展，并且形成了一定的规模。

这时候，曾宪梓的哥哥来到了泰国。哥哥认为，叔叔经营的小杂货店是父亲的遗产，所以想要从叔叔那里讨回父亲的遗产。为了顺利讨回遗产，哥哥多次来信，让曾宪梓去泰国，主张兄弟俩联合向叔叔讨回遗产。

等曾宪梓到泰国之后，从当地居民口中了解到，叔叔这二十多年来经营杂货店很辛苦，才成就了如今杂货店的规模。因此，曾宪梓决定不与叔叔争夺遗产，他只是看着哥哥与叔叔争吵，自己默不作声。后来，曾宪梓干脆独自回到在香港创业，和妻子主要靠制作领带来养活家庭。

曾宪梓虽然主动“吃亏”，放弃了财产，但是赚到了叔叔的“人情”，事实证明，吃亏是福，这笔人情在日后的创业过程中给曾宪梓带来很大的帮助。

由于曾宪梓放弃了争夺遗产，事情最后和平结束。叔叔被曾宪梓的宽容大度感动，给曾宪梓寄了一万港元作为安家费。用这一万港元，曾宪梓开始了他的创业之旅。

在创业初期，曾宪梓把家里的小客厅当做厂房，每天和妻子工作到深夜一两点，赶制领带之后拿到九龙去出售。

有一次，一家洋装店的老板看到曾宪梓的衣着十分破旧，认为曾宪梓不懂规矩，便将曾宪梓“请”出了店门。后来，曾宪梓明白是自己穿衣服没有注意，于是他便主动穿着整洁的衣服向服装店老板赔礼道歉，并且真诚地请老板喝咖啡。

曾宪梓再一次主动“吃亏”，赢得了老板的友情。曾宪梓真诚的精神打动了老板。后来，这位洋装店的老板成了曾宪梓的好朋友，他订购了大量的曾宪梓生产的领带，并且帮助曾宪梓开辟销售渠道，为他解决了很多创业方面的难题。

这样，曾宪梓的领带生意越来越好。加上叔叔也多次在资金方面支持曾宪梓，帮助曾宪梓在国外打通了销售渠道。曾宪梓赚到第一桶金之后，也立刻把叔叔曾经支援给自己的资金还给了他。叔叔说，曾宪梓是讲义气的人，今后一定能够成就大事业。

正如叔叔所说，主动“吃亏”的人往往能够成就大的事业。后来，曾宪梓创办了金利来有限公司，并且获得了巨大的成功。

穷小子需要注意的是，成功需要一定的智慧，主动吃亏是智慧的表现。表面上看起来你是吃亏了，实际上，你通过“主动吃亏”锻炼了自己的办事能力，聚集了需要的人脉，积累了工作经验。随着时间的积累，你的能力和经验会愈加提升，你的人脉圈子也不断扩大，别人欠你的人情也越来越多，在创业遇到困难的时候才会有人可求有人可找，自然会获得事业上的成功。

2．双赢，才是王道

穷小子在创业初期，没有雄厚的资金，没有足够的创业经验，但是一定应该积累充足的人脉资源。

人脉资源在创业过程中至关重要，想要积累人脉，首先要学会抓住不同机会做人情。你可以通过让利和分享的方法，来建立自己的人脉网，利用各种社会资源提高自己的知名度，多参加不同圈子的活动，利用这些活动中的让利机会来收取人心，这样才可以得到众人的支持，才能够生意兴隆。

创业不可避免地要和形形色色的人打交道。为此，你只有学会和不同人打交道的技巧，才能建立起积极和谐的生意关系。因此，从某种角度来说，人情关系决定着创业的成败。想要创业成功，必须要建立起良好的朋友圈子、活动范围，这样才能够在激烈的市场竞争中脱颖而出，一路高歌猛进、生意兴隆。

想要建立和谐的人际关系，你首先要学会做人情——将利益分配给他人。创业需要和各行各业不同层次的人打交道，因此你在做人处事方面要知进知退、能屈能伸，通过让利和分享来做人情、聚积人脉。

《水浒传》中宋江之所以能够成为梁山好汉的首领，和宋江经常通过让利和分享来做人情分不开。在上山之前，他就经常帮助有求于他的朋友，之后，当宋江成为梁山好汉首领时，大碗喝酒，大块吃肉，大秤分金银，提高梁山的“买卖”生意的利润，按照不同人的贡献将获得的利润公平分配，绝对不会让梁山的任何兄弟吃亏。因此，在宋江的带领下，梁山的兄弟们会获得最大化的个人利益，他们才会打心底服从宋江的指挥。

蒙牛的老总牛根生也同样提倡通过让利来做人情、积累人脉。牛根生一直奉行“财聚人散，财散人聚”的分享让利理念，通过散财收买人心、聚集人脉，然后聚集起更多的财富。所以，在牛根生离开伊利集团创办蒙牛集团的时候，很多人都愿意成为牛根生的创业伙伴，并且大力支持牛根生。原因只有一个：牛根生有让利分享的习惯，只要跟着牛根生创业，以后创业成功了之后获得的利润一定不少。

创业者一定要学会让利和分享，一个不懂得让利和分享的创业者，绝对不可能将事业做大。

另一个案例是关于俞敏洪的：

新东方的创始人俞敏洪小时候非常瘦弱，但是他却成为了村庄里面所有小孩子的头领。因为俞敏洪家里面有两三个上海的亲戚，每年亲戚会下乡带给俞敏洪一袋水果糖。当时，水果糖在乡下是很珍贵的东西，俞敏洪会拿出所有的水果糖与乡下的孩子们分享。最后，所有的孩子们都围着俞敏洪转，愿意听从俞敏洪的命令，因为俞敏洪懂得让利与分享。

这种懂得分享的方法甚至可以解决矛盾，将危险化解于无形。有时候，其他村庄的孩子与俞敏洪村庄的孩子们打架，俞敏洪会把其他村庄的孩子的首领带到自己家吃饭，然后给那个孩子首领一大把水果糖。从此以后，那个村庄的孩子们也开始听从俞敏洪的指挥了。

俞敏洪用自己的糖果换来了孩子们团结在他周围的结果，这其实就是一种通过让利和分享来聚集人脉的方法。

很多时候，人总是过于执着于自己的东西，不愿意拿出来分享，但是如果你不愿意把自己的东西拿出来送给别人，别人也不会把他们的东西拿给你分享。没有付出就没有得到，如果你不愿意分享和给予，那么你永远不会得到。

一个著名的西方寓言这样说，如果你拥有6个苹果，你不应该把6个苹果全部吃掉，而是应该把六个苹果中的5个拿出来同别人分享。因为如果你独自吃完了6个苹果，你只能够品尝一种味道，而如果你同其他5个人分享苹果，你却可以得到其他5个人的友谊。当你学会了让利与分享的时候，你会获得更加重要和丰富的人脉关系和友情，你会换来别人对你的信任。所有人都不喜欢和自私的人打交道，如果你只顾自己的利益，那么你不会得到其他人的关心，更不会得到他们的支持，你的创业之路也不会长久，所以聪明的创业者愿意牺牲自己的一部分利益来做人情，从而获得创业的成功。

有一个资产过亿的老板，在创业初期白手起家的时候，有位老朋友来投靠他，愿意和他一起创业。但是，这位朋友在为人处世和个人能力方面都不适应老板的公司。后来，老板和朋友产生了矛盾，朋友到处说他的不是。但是，老板并没有计较，反而拿出了自己的八十万资产中的五十万借给了朋友，帮助朋友新成立了一家新公司，让朋友自己去打拼。朋友成立了公司之后反而更加过分，见人便说老板让他离开公司。

很多人都不理解老板的做法，不理解为什么老板要出钱帮助说自己坏话的人成立公司。老板说："我对他做的事情没有什么不对，事实摆在那里。我一共只有80万的资产，留给自己30万足够做产品研发和市场推广了，给朋友50万足够他的公司坚持两年以上。该做的我都做了，我问心无愧。我的为人处世到底怎么样，大家都看在眼里，心知肚明，不会因为他说我的坏话而认为我真的是个坏人。无论是做人还是做事，只要自己问心无愧便好，没有必要在乎别人对你怎么评价。"

几个月之后，老板讲义气的名声在当地流传开来，许多合作者和高级人才纷纷加入了老板的公司，政府也开始大力扶植老板的公司，老板的生意迅速做大了，并且在几年之内便资产过亿。

这位老板正是通过主动让利来树立自己良好的信誉，得到了外部环境对他的信誉的认可，从而获得了环境和人脉的大力支持，获得了创业的成功。

人际关系主导创业的成败，如果想要获得创业的成功，你必须依赖他人的帮助。创业需要得到众人的支持，只有众人支持才可以把事业做强做大，因此，你必须要学会让利和分享，学会做人情。只有建立了良好的人际关系，你的创业才会顺利，事业才会兴旺发达。

3. 商务宴席主动攀谈，多个朋友就是多条路

美国前总统西奥多·罗斯福曾说:“成功的第一要素是懂得如何搞好人际关系。”在追求成功的道路上,多个朋友多个可能,一个人想要在事业上获得成功,必须要学会编织属于自己的人际关系网络,充分利用朋友的力量。

综观那些成功者，无论他们的个人能力多么杰出，在遇到困难的时候,都不同程度地需要别人的帮助。成功者之所以成功,就是在于他们拥有充足的人脉,擅于处理人际关系,他们知道构建什么样的人脉圈子可以给自己的事业带来最大的帮助。

创业者如果无法全面地建立属于自己的人脉资源网络，那么创业道路一定不会平坦，即使他们在创业初期能够依靠自身的优秀素质和特长获得一定程度的成功，但是，没有人脉资源加以支撑的事业注定不会做大。

每个创业者创业过程都需要运用资源，资源分为内部资源和外部资

源，内部资源主要是创业者个人的能力、素质和特长，外部资源则主要靠人脉资源。

人脉资源中最常见的是同学人脉。由于少年时代的同学不存在利益冲突，并且小时候接触密切，友谊一般比较纯洁可靠，因此，同学资源是创业者最宝贵的人脉资源之一。

当今社会由同学会构成的人脉圈子非常流行，中国最好的工商管理学院在各个大城市都有许多同学会，例如，中国人民大学、北京大学、清华大学等名牌大学在全国重要城市中几乎都有同学会或校友会分会。这些同学会可以将校园内的人脉资源聚集起来。同学资源将会是你事业方面最宝贵的人脉财富。

许多成功者都掌握巨大的同学资源，并且在创业过程中得到了同学的大力支持。《福布斯》中国富豪榜上的南存辉和胡成中就是同学。他们先是合伙创业，然后分开创立了属于自己的集团。

同乡也是一种宝贵的人脉资源，这是因为同乡之间拥有着共同的地理环境背景和文化风俗习惯，而同乡之间的交往，也会有来自家乡的归属感和亲近感。曾国藩在用兵打仗的时候，喜欢重用来自家乡的将领，中国历史上最著名的徽商和晋商都是同乡结伙做生意，这些都是最好的例证。

除了同学和同乡资源之外，创业者还可以通过职业和朋友圈子来拓展好友资源。你需要广泛结交自己行业中的同事和客户。有研究调查表明：绝大多数成功的下海创业人员都利用了原先工作中积累的行业中的朋友资源关系。有句古话说得好，“在家靠父母，出门靠朋友”，获得朋友的支持是成功创业者所必备的素质。

朋友对于成功有极其重要的推动作用。阿里巴巴的创始人马云在最初创建阿里巴巴的时候，他的启动资金便是来自朋友，其中有几个很好的朋友一直跟随他，和他共同创业，这群人在杭州和北京之间不断奔波，但始终不离不弃，最终帮助马云实现了阿里巴巴的成功。

国内著名的网游公司完美时空公司，市值已经超过了十亿美元，如今还在美国纳斯达克上市。这家公司的创始人池宇峰毕业于清华大学，整个公司的技术与业务骨干，以及公司董事们，全部都是池宇峰在清华大学的校友。后来，同样毕业于清华大学的校友羊东也参与投资了完美时空，使完美时空获得了巨大的发展。

另外，软银赛富基金首席合伙人阎焱之所以能够取得今天的成就，就是因为他在读北大研究生的时候认识了一名外籍老师，外籍老师对其才华非常欣赏，特意推荐他赴美留学。后来，这位外籍老师在普林斯顿大学作为阎焱的专业教授，给予阎焱很多指导，并最终帮助他取得了成功。

想要创业成功，你就必须要特别注意朋友资源的累积，构建属于自己的朋友圈。

想要构建资源强大的朋友圈，首先要建立自己的价值。所谓的价值，用简单的话说，就是：如果你没有利用价值，你就没有结识有价值朋友的机会。其次是要善于把自己的价值表现出来，也就是在别人需要你的时候，擅于向别人提供帮助。

构建资源强大的朋友圈，需要成熟的个性，你要能够和不同年龄、不同阶层的人交往，要愿意和那些比自己能力强的人交往。当你变得善于与自己不喜欢的人交往的时候，便表明你的个性已经逐渐发展成熟，你已经具备了构建强大的人脉圈的能力。

在创业者所从事的行业之中，“朋友” 在事业中扮演了极其重要的角色。简单地说，“朋友”就是“机会”。穷小子可以通过以下途径来拓宽人脉圈子。

1. 多参加商务宴席类的职业交往活动。对于为了事业成功而凝聚人脉资源的穷小子来说，职业社交是最适合建立人脉的场合。你应该积极参加商务宴席等行业聚会，多与各类客户谈业务，多参与品牌活动。在活动或者谈业务的过程中，你应该主动去搭讪，要到对方的联系方式，并在活动结束之后尽可能地与对方保持联系，维持人脉关系。

2. 利用进修、培训学习的机会拓宽人脉圈子。你可以报名参加各种企业进修班、英语培训班、驾校、MBA培训班，在班级学习的过程中，积极结交同班同学，广结人脉。比如说，很多白领阶层喜欢参加MBA培训班，通过培训班可以结识到各个行业的企业管理人士，可以了解到很多有价值的信息，这在无形之中拓展了视野，并且汇聚成了庞大的人脉关系网络。

3. 利用旅游或者兴趣社团的活动拓展人脉。你可以在旅游过程中，或者在相同爱好者的社团活动中拓展人脉。日常生活中，人们会对陌生人有戒备心理，然而，在旅游过程中，因为外界环境的改变，会导致人们在心态上更加开放自然。这时候，人与人之间的交往会相对容易很多，也有助于建立情感和信任。在兴趣社团活动中，由于成员之间都有着相同的爱好，比较容易找到共同话题，因此也比较容易建立信任。

4. 积聚人脉,从基层人士开始

当今社会,人情交往在生活中无处不在,人情消费是拓展人脉、增强人际关系的有效手段。无论在职场还是在创业领域,人情投资都占据举足轻重的地位。因此,想要获得创业的成功,穷小子必须要打理好自己的人情消费,学会用人情债来收买人心,建立自己的人情账户。创业需要和不同层次的人打交道,因此,人情消费应该是创业过程中的必备手段,而并非仅仅针对客户或者领导。

在创业过程中,与基层人士搞好关系,建立人情账户,可以使你在创业过程中,得到众人的帮助。

研究表明:51%的创业人士正处在人情账户的储蓄期,他们的主要关注点是人情投资,目前处于创业拼搏阶段;而29%的创业人士处于人情账户平衡期,既有人情的收益也有人情的投资,目前在创业领域如鱼得水混得很开;另外,还有2%的创业人士表示自己属于账户透支型,他们欠了很多人情债,创业也陷入了困境;最后,18%的创业人士没有人情账户,他们都或多或少地在创业中先后失败。

从上面的事实可以看到，人情账户单薄的创业人士往往面临着创业失败的风险，因为这表明你和社会群体的联系越来越少，你所能够调动的资源也就越来越少，最终，你就会在创业的道路上孤军奋战，走得很艰难。成功的创业人士往往注重对人情账户投资，他们有事没事就会送礼拜访，经常请客吃饭，从大量基层人士开始结交，建立了良好的基础关系，从而在创业过程中获得了众人的大力支持。

创业初期的穷小子应该抓紧时间建立属于自己的人情账户，从行业中的基层人士开始逐渐建立是最切合实际的。你可以拿出一个小本子，在本子上记下自己所有认识的人的名字，然后写上他们的联系方式以及他们在行业中可以调动的资源，根据他们可以调动资源的多少来进行排序和分类，确定出哪些人应该每周联系一次，哪些人应该每个月联系一次。这样，你就可以花费最少的精力去维护自己在行业中的人情关系，延长人情关系的保质期。

建立了条理分明的人情账户之后，你便需要开始对人情投资。很多人错误地认为送礼可以很好地维持人情关系，其实这种观点有失偏颇。如果送礼没有把握好时间和场合，送礼反而起到了很不好的效果。其实，对基层人士最好的投资方法是投其所好，顺其自然。比如说，假如你想要和某单位的采购员工做人情，那么你首先要弄清对方的爱好，如果他喜欢足球，那么你可以送给他一张价格并不算高的足球门票或者是抽出业余时间和他一起踢足球，这很可能比送他一套名贵的礼物更好。

在创业过程中，领导毕竟是少数，你所接触到的绝大多数人都是基层人士。因此，在对领导做人情之前，你不能忽略对基层人士的人情投资。你需要从细节着手，积极参加基层人士之间的聚会，当他们遇到困难的时候，你需要去主动帮助，逢年过节的时候发个祝福短信等。这样，通过长久的人情投资，你在基层人士中的影响力会越来越大，当你在创业过程中遇到困难的时候，你的人情投资会获得回报，那些与你有人情往来的基层人士会主动帮助你走出困境。

从投资的角度来说，基层人情投资几乎没有任何风险。最初进行人情投资的时候会付出人情消费，但是随着时间的积累，这些人情消费会为你在行业中积累丰富的人脉，在你需要帮助的时候，人情投资会获得应有的利息和收获。

人情投资应当注意以下三点：

第一，人情投资的时候应该持不计回报、无私奉献的心态，讲究真诚。如果你在人情投资中乐于帮助那些普通人，不去考虑回报，那么当你在创业过程中遇到困难的时候就会得到众人真诚主动的帮助。基层人情投资有着风险小、收益大的特点，然而，人情投资最忌讳急功近利的索取回报。人情投资应该注重长远角度的发展，不可以目的性太强。同时，人情消费与经济有或多或少的联系，不可以抱着索取回报的心态与他人交往，当你抱着想要从人情帐中索取回报的心态的时候，你往往会收到适得其反的效果。

第二，在基层人情投资中，当你帮了别人的忙之后，千万不要觉得自己有恩于人所以就有一种高高在上的优越感。这种盲目产生的优越感是很危险的，往往会收不到人情投资的效果。因为高高在上的优越感会让对方感觉到你不真诚，双方的人情就会在不真诚的心态中变淡，这样会使对方不领你的人情。同时，依靠人情办事的时候，不可以透支。在你进行人情投资的时候，应该先考虑一下你和对方的交情有多深，然后理性地进行投资和请求帮助。

第三，适当的基层人情消费，可以充分地强化人际关系，沟通思想感情。但每件事都有另一面，人情消费重要的是真诚和心意，不可以抱着奢侈、攀比和炫耀的目的。过度奢侈的人情消费会给经济上带来巨大的负担，创业者应当理性进行人情消费投资，远离过度奢侈的人情消费。

余先生在一家建筑设计单位工作，他每天最早去公司上班，最晚离开公司，在公司内干活也是最多。然而，如此踏踏实实地在公司工作了五六年之后，余先生发现，自己一直没有获得晋升。有些比余先生晚来三年的同事都已经晋升到了部门科长的职位了，余先生依旧只是办公室的一名普通文员。

无论从工作能力、工作态度，还是从工作阅历方面看，余先生都比那位获得晋升的同事要好得多，不过，那位同事在人情投资方面要比余先生多得多。余先生正是对业务能力看得过重，却疏于经营人际关系，因此没有获得晋升。和他不同，那位获得晋升的同事在刚刚来到部门工作的当天便和同事们打成一片，而余先生直到现在和部门同事的关系还是很一般，很少抽时间和同事们聚餐、聚会，甚至交流的时间也很少。

余先生所在的部门里面年轻人比较多。每次到了周末，部门里面的同事便忙着聚餐和各种交流活动。而余先生很少参加这些交流活动。最初的时候，同事们喜欢拉着余先生一起参加活动，可是余先生的性格属于内向型，他总是找着各种理由不参加社交活动，久而久之，同事们参加活动的时候便慢慢把余先生排除在外了。

时间长了，余先生除了和同事们进行工作上的必要交流之外，其他方面几乎没有人情往来，他成为了办公室里的孤家寡人，不少同事觉得余先生高傲吝啬，因此对余先生的负面看法越来越多。后来，领导找余先生谈话，委婉地说出了余先生应该多和基层同事们接触，多参加聚会，为人要谦和。这时候，余先生才明白自己长时间疏于进行人情投资，导致自己在同事们心目中的印象逐渐变坏，从而得不到职场上的晋升。

余先生的故事说明:在职场上一定要和基层人士搞好关系,进行人情投资。升职加薪需要踏实努力地工作,需要个人的真才实干,但是如果你不懂得进行人情投资,不去和基层人士搞好关系,无法充分适应工作环境,那么你很难在行业内获得大的发展。

当你开始注重人情投资,从基层人士开始"收买"的时候,你会与公司同事、业务伙伴建立深厚的人脉关系,在事业上会获得基层人士的大量帮助,从而获得创业的成功。

万小姐学的是设计,她大学毕业后进入了一家连锁广告标牌设计公司。进入公司之后,万小姐想尽办法提升自己的设计水平,并且着重于人情投资,和基层人士交往,使自己尽快融入公司的人际交往圈子。万小姐积极参加同事们的聚会,在工作的时候主动帮同事们分担工作,并且主动向领导汇报工作中遇到的各种问题。

一年之后,万小姐在公司的人际关系圈子内得到了众人的支持,她的人情投资收到了回报,她被晋升为公司分店的店长。万小姐当上店长之后,面临的业务多了起来,工作中积累的人脉关系给万小姐帮了很大的忙,很多万小姐做不出来的复杂的设计业务,公司的同事们会热心地帮助万小姐。

当上店长的万小姐需要面对很多客户,她非常注重在业务伙伴方面的人情投资。她向客户提供精心设计的作品时,会友好地和对方公司的前台聊天;竭力为客户提供优质的售后服务时,也会和对方的客户代表互换名片,主动给大客户提供免费送货服务,主动安排员工送进电梯,让对方的实习生感动不已……久而久之,她的工作得到了客户从下到上所有人的的认可,使分店的业务量获得了很大的提升。后来,很多客户有了业务之后第一个考虑的就是万小姐。

想要获得创业的成功,穷小子必须学会用人情债来收买人心,建立属于自己的人情账户。你可以从细节着手，积极参加基层人士之间的聚会，当他们遇到困难的时候你需要去主动帮助，逢年过节的时候发个祝福短信等。通过长久的人情投资,你在基层人士中的影响力会越来越大,最终会在创业过程中获得众人的支持,从而走上创业成功的道路。

人情投资应当注意:

1. 人情投资的时候应该抱着不计回报、无私奉献的心态,应该注重长远的发展,不可以目的性太强。

2. 在人情投资中,当你帮了别人的忙之后,千万不要觉得自己有恩于人所以就有高高在上的优越感。

3. 人情消费重要的是真诚和心意,不可以怀着攀比和炫耀的目的。

5. 给客户的高层留个特殊印象

在创业过程中，创业者必然要接触各种各样的客户，需要和各方面的客户合作。

客户的高层一般见识了很多合作者，早已炼出了火眼金睛，不会轻易被普通人打动。当你面对高层客户的时候，不妨考虑摒弃那些常规办法，采用出奇制胜的方法，在最短的时间给客户留下最深刻的印象，这样有很大的机会收到很好的效果，从而打动客户，赢得项目。

例如，你可以从人脉、兴趣爱好、产品质量等多个方面来给客户营造特殊印象。比如说，如果你认识某位名人，你可以把自己和某位名人合影的照片拿给客户看，这样就会给客户制造一个深刻的印象，增加你对客户的说服力；如果客户喜欢玩某种乐器，那么你可以提到自己在这些乐器方面的心得和技巧，这样可以赢得客户的好感；你当然也可以拿出自己公司的产品和其他公司的产品进行对比，突显出你的产品的特色，在对比之下给客户制造特殊印象。

在营造特殊印象之前，你还应该观察客户的性格，然后考虑应该留给客户什么样的特殊印象。

营造特殊印象的时候不能做作，你的行为和方式要符合客户的身份和性格，给客户一种自然而然的感觉。比如说，如果客户是个有了一定年纪的老人，那么你自然不能够表现出身体或者精力上的优势，那样只会反衬出老人体力或者年龄上的不足，这样就会给客户留下一个坏印象。

在创业过程中，你有很大可能要和客户的高层洽谈项目。当你向客户的高层介绍项目的时候，可以采用以下的步骤给客户留下很有条理的印象，让你与众不同：第一，做一个简单清晰的PPT，10分钟内把自己要做的事讲清楚；第二，向客户展示自己产品最突出的特色；第三，向客户提出合作条件。当你与客户沟通的时候，心态一定要平和、自信，沟通过程的本身就是一种能力的展示。你在沟通中的语言会透露出你对整个行业和对用户的理解、对项目的战略发展规划等大格局的掌控能力和细节把控能力。

当你和客户高层洽谈项目的时候，注意从以下七个方面来展示：第一，自己项目的亮点；第二，项目介绍，具体分为项目简述、团队介绍、产品与技术、资质与专利、同类对比等细项，注意直接突出这些细项的与众不同；第三，简单的行业分析；第四，公司项目有怎样的竞争优势；第五，项目的发展战略；第六，项目的财务预测；第七，项目合作的条件。

担任公司华南区域销售经理小何奋斗了两个月，依然没有将自己公司的冰箱推销给广州最大的电器经销机构，这家电器经销机构是小何不得不合作的经销商大户，因此，小何必须要把自己公司的冰箱推销给他们。

然而，已经经过五轮谈判，这家电器经销商大户始终不愿意与小何合作。根据小何的判断，这家电器经销商之所以拒绝自己公司的产品，是因为自己公司的产品缺少品牌知名度，也缺少质量保证，所以无法得到这家电器经销商的信任。品牌知名度的问题不是小何能够解决的,因此小何想要先解决冰箱质量保证的问题。

于是,小何带领三个业务员去仓库对自己公司的所有冰箱进行了检查,并且将检查数据同市面上的名牌冰箱相比较,结果发现自己公司的冰箱无论在外观、压缩机运转噪音上,还是在冷冻和冷藏室的设计上,都与市面上的名牌冰箱存在一定的差距,确实没有多少亮点。但是,小何发现,自己公司冰箱的门的密封性要比所有名牌冰箱的密封性都要好。

小何决定再次向电器经销商推销自己公司的冰箱——但这一次要换比较具备特色的方法。

小何见到了那家电器经销商的经理之后说自己公司的冰箱比市面上销售的任何名牌冰箱质量都好。经理不相信,于是小何准备当众演示了一下。

当着对方的员工和领导的面,小何首先介绍说:“我们公司的冰箱在总体上和市面上的名牌冰箱质量相差不是很大,但是我们公司冰箱的门的密封程度要比那些名牌冰箱强十倍以上。”

接着,小何从包里拿出一张A4打印纸,然后拉开冰箱的门,将A4打印纸放在冰箱的门中,然后关上冰箱门,使冰箱的门夹住了A4打印纸。

小何对经理说:“请您把这张纸抽出来。”

经理用手拿起了夹在冰箱门缝中的纸,他用力拉了好几下,纸都是纹丝不动,后来经理加大了力气,白纸被撕成了两半,一半在他手中,另一半留在了冰箱的门缝里。

小何让经理用同样的方法测试市面上的其他名牌冰箱,结果所有的名牌冰箱门缝中夹的纸都能完好无损地抽出来。

小何这时候对经理解释:“冰箱最重要的就是门的密封程度,只有密封效果好了冰箱的制冷效果才会好。否则的话,冷气会从门缝中漏出来。”

小何的冰箱碎纸给经理留下了深刻的印象，经理认同了小何公司的冰箱质量，他当即签订了500万元的冰箱采购合同，并且在日后与小何建立了良好的合作关系。后来，小何这种用白纸测试冰箱门的密封制冷程度的方法产生了很好的效果，他还将这种方法带入销售现场，给消费者制造出深刻的印象，激发消费者的购买欲望。小何也获得了公司“优秀区域经理”的荣誉称号。

为了展现出特点，你可以从人脉、兴趣爱好、产品质量等多个方面来给客户营造特殊印象。营造特殊印象的时候不能做作，你的行为和方式要符合客户的身份和性格。当你与客户沟通的时候，心态一定要平和而自信，沟通过程的本身就是一种能力的展示。你在沟通中的语言会透露出你对整个行业和用户的理解、对项目的战略发展规划等大格局的掌控能力和细节把控能力。

当你向客户的高层介绍项目的时候，可以采用以下的步骤给客户留下明朗而有条理的印象：

1. 做一个简单清晰的PPT；
2. 向客户展示自己产品的特色；
3. 向客户提出合作条件。

第五章

看市场:眼光要毒，站位要高

想学会游泳，你必须要跳进游泳池；穷小子想上位，必须要比别人更早地进入市场。

市场是穷小子的实战战场，能够提供的不仅是他们赚取的利润，更能提供充分的成长空间，让穷小子手中的资源转化，并融入到更广阔行业的链条中。因此，只有当你具备更准的眼光、更高的站位来看待市场，才能享受其带给你的机会，并从中获得成长的经验。

1. 从身边人的需求开始观察

在很多穷小子看来，当今社会，无论从事何种领域，都需要面对激烈的竞争，这种竞争似乎让他们根本无法成功。的确，想要创业成功，需要讲究天时、地利、人和，这些因素都不是短期就能获得的——天时方面，改革开放已经多年，穷小子错过了最佳发展时机；地利方面，穷小子往往资金匮乏，缺乏足够的运作资本和商业资源；人和方面，穷小子没有融入行业的圈子，没有积累足够的人脉。

天时、地利、人和都靠不住。那么，穷小子怎么办？

唯一的办法，就是向“上帝”祈祷。所谓“知己知彼，百战百胜”。不管你是否拥有天时、地利、人和，所有竞争对手最终面对的都是顾客，从这个意义来看，“顾客就是上帝”并非没有道理。想要打赢所有的竞争对手，取得创业的成功，穷小子必须要了解“上帝”，投其所好，从“上帝”的需求开始分析。

在激烈的市场竞争当中，聪明的创业者往往拥有极其敏锐的目光，擅于观察发现身边人的需求。如果身边人没有需求，聪明的创业者往往敢于帮助他们创造需求，超越常规经营，从而迅速积累大量的财富。

实际上，顾客的种类有很多，有精英阶层，也有草根阶层。但是由于穷小子没钱做广告，没钱做促销，没地位做宣传，在货源和行业的选择上也很难抓住精英阶层的这些顾客，因此，创业的一开始要把目标客户选择为那些草根阶层。实际上，穷小子平时接触的一般都是草根阶层：打工族、农民、小商贩。由于穷小子平时生活在草根阶层的圈子中，所以很难了解到精英阶层的行为习惯。但是，穷小子对于草根阶层的日常生活习惯有充分的了解。

穷小子完全可以在平时的生活中利用同学、老乡、邻居、亲属等关系，在学校、家庭或者工作场合多和他们交流，多了解他们的工资水平、喜欢吃什么东西、喜欢买什么衣服、想要购买什么东西但是现在却是买不到的，通过不断的交流了解周围人群的消费需求，从中看出最新的草根消费倾向。这些需求之中往往蕴含着巨大的商机。

只要留心观察，便一定会发现商机。但是，商机有很多种，有些是可行的，有些并不可行。这时候，穷小子就可以先去咨询身边的朋友、同事、长辈、领导等，获得一定的导向性意见，然后发放简单的调查问卷或者对人群进行一些简单的市场调查，并且结合自身的存款积蓄、个人兴趣特长、周围的圈子人脉、投资创业环境等条件确定哪些商机是真正适合自己的。

机不可失，失不再来，成败在于决断。确定了商机之后，穷小子就要果断而快速地付诸行动抓住这些商机。如果经过分析，商机确实蕴含着巨大的潜力，而穷小子暂时不具备创业条件，这时候穷小子就可以通过贷款获得创业资金，通过送礼、请求帮助、建立关系取得相关手续，利用一切可以利用的关系和资源来快速实现自己的规划，防止其他竞争者抢先。

张宝卫独自一个人花了四年的时间迅速赚到了300万，靠的就是独到的眼光，从身边的人的需求开始观察。

1986年，穷小子张宝卫几乎身无分文地从河北的农村出发，准备到广州闯荡一番。来到广州之后，他一直在做水果批发的生意。多年的拼搏中，张宝卫结识了水果批发相关行业的不少朋友。2001年的一天，张宝卫去拜访他一位做种子经销的朋友。在朋友那里，张宝卫见到了专门培育出来的外形奇特的南瓜。

这种南瓜非常小，外形像香瓜，颜色鲜艳好看，是从国外引进的新品种。据这位从事种子经销的朋友介绍，这种南瓜目前属于新上市的品种，主要是用来作装饰。有很多经销商害怕种植这种南瓜有风险，所以不愿意投资这种小南瓜。

但是张宝卫有着敏锐的眼光，所谓"富贵险中求"，风险越大收益越大。目前别人都不愿意投资这种小南瓜，如果自己投资了的话，通过炒作让这种小南瓜在市面上热销起来，自己绝对可以独霸整个市场初期，快速致富。

张宝卫仔细地分析了顾客的需求：当时的广州，很少有人把南瓜作为装饰品，而是将南瓜作为蔬菜，这是千家万户都能够接受的。但另一方面，人都是喜欢新奇的事物的，如果自己投资了这种南瓜，迎合最普通顾客的猎奇心理，这种南瓜有很大的可能性会畅销。

于是，张宝卫决定抢在其他人之前引进这种小南瓜。他很快拜访了当地所有的种子公司，并利用时机，以极其低廉的价格引进了五万粒南瓜种子，在农村建立了一个种植基地。张宝卫相信自己的眼光，他坚定地认为这种小南瓜符合顾客的需求，迎合普通顾客猎奇的心理，这种小南瓜一定会因此而畅销。第二年春天的时候，张宝卫成功收获了所有的小南瓜。

成败在于决断，穷小子发现了商机之后，就要果断、快速地行动，抓住身边顾客的心理，抢在其他竞争者之前迅速占据市场，从而获得数额巨大的财富。

收获了小南瓜之后，面临的就是小南瓜销售的问题了。张宝卫觉得应该将自己种植的小南瓜定位为工艺装饰品，所以对小南瓜有需求的客户就是那些喜爱家居装饰品的人群。因此，张宝卫通过各种渠道，最终在工艺品市场租了一个门面店，开始出售自己的小南瓜。

事实证明张宝卫的分析完全正确，不到四个月的时间，张宝卫所有的小南瓜销售一空，迅速赚到了70多万元。

张宝卫颠覆了普通消费者对南瓜只能用来当做食品的概念，而是将南瓜作为装饰品，这就为普通顾客创造了新的需求，打开了一个新的市场。在这个新的市场当中，张宝卫因为没有竞争者，所以很快赚到了钱。穷小子不要忽略身边那些普通人，不要放过他们任何微小的需求，有时候，创业所关注到的微小的需求甚至可以赚大钱成大事。

在我们身边蕴含着无数的商机，关键是如何去发现商机：

1. 养成独到而敏锐的眼光，多注意身边人的需求；

2. 多和身边的同学、朋友、同事、领导、亲戚交流，了解到他们的消费习惯和需求；

3. 对了解到的这些需求进行可行性分析。可以通过简单的问卷调查或者向身边从事该职业相关的朋友请教，从而了解这些商机是否真的适合自己创业；

4. 确定了适合自己创业的需求和商机之后，就要快速果断出手，利用一切可以利用的资源和关系来实现自己的创业计划。

2. 在“废”项目里面寻宝

很多时候,很多人不被关注的领域和项目中往往蕴含着巨大的商机,穷小子要有独到的眼光,去发现这些隐藏的商机。事实证明,很多废弃的项目中蕴含着极大的利润。所谓的“废项目”,并非是完全没有价值的项目,而是别人无法做下去的项目。这种项目由于很少有人涉足,所以,如果把“废项目”做成功了,就会打开一个崭新的市场。在这个市场之内,你没有任何竞争对手,可以获得巨额的利润。

穷小子在创业初期,完全可以选择一些常人所忽略的“废项目”进行投资。那么,如何找到“废项目”呢?

首先,要广泛地进行市场调查,学习市场扩展相关知识,只有在足够的知识基础上,才会有一定的观察和辨别能力。或者在创业初期多咨询市场调研人员,这样你的市场知识才会足够扎实,才能更好地对整个市场进行判断。

然后,多去其他公司参观学习,或者了解其他生意伙伴的动向,站在更高层次的平台上才会有更远的视野，才会有更加敏锐的目光发现商机。与此同时，你需要广泛结交同行，通过人脉交流市场信息，寻找市场盲点，注意一下哪些是业内公认的“废项目”领域。一般而言，“废项目”领域不是难度较大，就是利润较低。因此，这些处于市场夹缝中的“废项目”领域都是人们不愿意涉足的。正因为大多数人不愿意涉足，所以“废项目”领域注定竞争对手很少，蕴含着极大的商机。

你可以在竞争对手的劣势中寻找“废项目”，仔细研究行业顶尖的企业的弱点和忽略的地方，他们所忽略的地方，往往就是“废项目”所在的地方。

当然，运用逆向思维的方法来寻找“废项目”也是正确的办法。所谓“物以稀为贵”，想想日常生活中你最不需要的物品在哪些领域。人们用得最少的物品，也就是最高端的奢侈品和最低端的廉价品。一般说来，奢侈品对于创业资本的要求较高，不适合刚刚创业的穷小子。因此，穷小子可以从低档廉价品开始做起，由于低档廉价品满足老百姓的需要，因此需求量往往很大。

很多时候，同行不愿意干的小生意往往是“废项目”，你可以注意这些被同行忽略了的小项目，多捡“芝麻”，积少成多，积小成大。另外，小项目由于竞争对手较少，往往可以做成大生意。

当你发现了“废项目”领域之后，便需要对废项目进行评估。你需要找原因：为什么别人做不下去这些“废项目”，并寻找到其背后的原因。随着时代和环境的变化，也许很久以前的所谓的“废项目”到了现在，反而蕴含着巨大的商机，然而，由于人们受思维定势的影响，观念还未来得及改变，所以仍然认为以前的“废项目”一直都是废项目。

这时候，你首先要做的不是冲动的行动，而是主动对发现的“废项目”进行重新评估，如果经过慎重的评估之后，你发现“废项目”中蕴含着巨大的商机，那就必须抓住机会，立刻投身于这些有潜力的“废项目”领域，开辟新的商业道路。

上海亿业网络科技发展有限公司总经理刘东昇的成功,便是依靠“废项目”。当许多人被垃圾邮件不断骚扰的时候,刘东昇敏锐地发现了商机,把握住了“垃圾邮件”的发展浪潮,并且成功地实现了自己的创业致富梦想。

1999年,刘东昇刚刚研究生毕业,还是地地道道的穷小子,正在为寻找工作而奔波。当时,正是国内互联网行业兴起的时代。因此,刘东昇决定抓住当时国内互联网行业兴起的机会,抢在别人前头进入互联网领域。

刘东昇在亿唐公司工作了一段时间。通过在这里的工作,刘东昇开始逐步了解到,互联网市场扩展的速度越来越快。他深刻地了解了整个互联网市场,积累了大量互联网市场的扩展经验。

在工作的同时,刘东昇始终不忘给自己“充电”,为此,他专门报名参加了同济大学与德克萨斯大学合办的EMBA培训班。在培训班里面,刘东昇与一名外籍教授随意地闲聊。外籍教授随口抱怨说自己的电子邮箱经常收到不同目的的垃圾邮件,很令人烦恼。

说者无心,听者有意。正是外籍教授的这句抱怨,让刘东昇陷入思考,开始定位自己未来的创业方向。

当时,电子邮件营销这个领域在整个互联网行业中根本没有正规的渠道和手段,只能靠垃圾邮件这种不入流的手段,导致许多人反感。但是,从事互联网行业市场拓展的刘东昇自然明白,电子邮件营销中蕴含着巨大的商机。刘东昇对别人说,市场和产品并不是完全相同的概念,互联网的发展仅仅拥有很好的产品是远远不够的,因为市场并不一定会接受产品。最重要的是让产品能够适合市场,这样产品才能够畅销。

当时,电子邮件营销市场在国内基本上还是鲜有人问津的,刘东昇认为,这是一个具有极大潜力的市场。因此,2007年,刘东昇成立了上海亿业网络科技发展有限公司，搞电子邮件营销领域的项目。

为了尽快打开本土市场,刘东昇积极学习国外电子邮件营销市场的经验,将种种经验与国内的市场现状相结合,积极加以本土化改造,主动寻找客户,这一策略果真获得了巨大的收益。随着电子商务在国内飞速发展,电子邮件营销这一方法也变得越来越热门,电子邮件营销正逐渐被网民接受,很多网民已经适应了通过电子邮件营销来关注新鲜产品和各种新闻。

当年,刘东昇在刚刚进入电子邮件营销市场的时候,便找到了互联网行业三个最有潜力的营销项目:搜索引擎营销、娱乐游戏营销、电子邮件营销。当时,刘东昇果断放弃了前两个已有很多人涉足的领域,捡起了电子邮件营销这个被别人所丢掉的“废弃项目”,并且迅速累积了巨大的财富。虽然当时看起来这是个“废弃”项目,但他从中找到了自己的事业平台。

穷小子想要通过“废项目”致富,需要注意以下几点:

1. 进行广泛的市场调查,广泛结交同行好友,这样才可以积累足够的市场动态信息,锻炼出敏锐而独到的眼光,才会发现最有价值的“废项目”。

2. 在市场夹缝中寻找“废项目”,市场夹缝中的“废项目”往往没有竞争对手,做这种“废项目”往往会获得巨额的利润。

3. 在竞争对手的“劣势”中寻找“废项目”,行业顶尖的企业所忽略的地方往往就是“废项目”所在的地方。

4. 最低端的廉价品和利润极低的“小生意”往往蕴含着巨大的商机。

5. 找到“废项目”之后,需要对“废项目”进行慎重的评估,一旦确定废项目潜力巨大,就要立刻去做。

创业并非朝夕之间的事，穷小子应该避免在盲动中迷失自己的创业方向，用敏锐的目光看清行业的发展趋势，然后寻找到那些被别人忽略但具有极大发展潜力的“废弃项目”，胸有成竹地做出发展规划，步步为营，不断扩大自己的市场份额，从而实现发财致富的梦想。

3. 多跑路，地域差中找金子

想要成大事，必须要具备天时、地利、人和三者之间的至少一个因素。在创业初期，穷小子往往并不一定有人脉资源，对于商机也没有敏锐的眼光来把握，因此就需要抓住“地利”的优势。这是因为挣钱的好项目很多，但是不同的项目适合不同的地区，因此你需要根据地域差异来确定你的创业项目。

想要抓住地利因素，你需要针对想要发展的行业，寻找一个发展空间较大的地域。中国地域辽阔，不同地域适合发展不同的行业，适合不同类型的人创业。而聪明的创业者擅于选择在最适合自己的地域发展自己最擅长的行业，从而获得成功。

不妨看看不同的地域具备哪些不同的特征：

华东地区首推以上海为龙头的“长三角”经济圈，在“长三角”经济圈创业有以下优势：第一，“长三角”经济圈有充足的商机。这里是国际商业交流活动的首选地，聚集了全球投资的重点，这里的居民具有良好的收入，因此也具备强大的消费能力;第二,创业环境好。以上海为首的“长三角”经济圈交通便利,有着成熟的商业文化和优越的创业环境;第三,人力资源丰富。以上海为首的“长三角”经济圈有着全国最丰富的人力资源和国际高科技人才。

上海适合发展微电子、计算机软件、生物工程和新型材料等高科技产业,会展、酒店、餐饮、旅游、礼品、广告等领域,零售、餐饮、美容美发、教育培训、汽车配套服务、租赁服务等连锁加盟领域。海归人士、科技人士、商界人士、大学生、下岗失业人员等适合在“长三角”领域发展。

杭州是我国著名的旅游城市,也是近年来新崛起的比较适合创业的城市。在杭州创业,可以获得政府的大力支持,杭州政府近年来推出大量创业优惠政策,营造出良好的创业环境。虽然杭州的生活环境很好,但是创业成本相对于上海较低。

在杭州适合发展酒店、餐厅、茶坊、咖啡屋、棋牌室等休闲服务业,丝绸、陶瓷、制笔等手工艺产品制造业,以及小商品零售业。商界人士、手工艺人、文化人士等适合在杭州发展。

多年以来,苏州大力发展高新技术产业,它已经成为科技创业者的天堂。在苏州创业可以得到国家政策的支持,苏州市政府也鼓励自主创业,放宽了民营企业的市场准入条件。苏州不断加大对技术创新的扶持力度,为科技创业者营造良好的创业氛围,科技创业底蕴深厚。

在苏州适合发展以高新技术产业为主导的现代制造业,仓储、物流、运输、金融咨询、信息咨询、猎头服务等配套服务业,生态旅游业。科技人员、海归人员、拥有专利技术项目的大学生等比较适合在苏州发展。

改革开放以来,温州逐渐发展成为我国民营经济的重要阵地。温州的商业文化比较成熟,有着浓厚的创业氛围,有完整的市场体系和市场机制,有扎实的创业基础形成的产业集群。

在温州比较适合发展服装、鞋帽业和打火机、眼镜、灯具、纽扣等小商品制造业。由于小商品市场需求较大,创业资金和技术要求相对较低,所以比较适合初步创业的穷小子。商界人士、下岗失业人员、初创业者比较适合在温州发展。

华南地区首推广州，这里是中国改革开放的前沿阵地，有着悠久的创业历史，并且民企可以获得地方政策的大力支持。在广州适合发展餐饮业、服装业和花卉业。下岗失业人员、小本经营者、商界人士、大学生等比较适合在广州发展。

厦门是中国五大经济特区之一，创业硬件环境一流，创业政策优惠，民间资本准入门槛比较低，适合民营企业的发展。在厦门适合发展现代物流业，计算机与网络产品、通信资讯产品、数字技术产品和家用智能产品等科技创新业。商务人士、科技人士、海归人士、华侨等比较适合在厦门发展。

深圳是中国首个经济特区，在基础设施、市场环境等方面具有得天独厚的优势。深圳具有雄厚的创业资本、开放而宽松的创业氛围和一流的创业环境。深圳比较适合发展电子信息、生物工程、新材料、光机电一体化等高新技术产业，服装业，物流和商贸服务业。科技人士、海归人士、大学生、商贸人士等比较适合在深圳发展。

泉州有着悠久的经商历史，商业底蕴深厚，有着浓厚的创业氛围，创业资源丰富。泉州是我国著名侨乡和华南地区重要港口，创业资源和运输业比较发达。泉州的微波通信产业有着很好的发展前景，纺织服装业在泉州也有着巨大的产业链。华侨人士、海归人士、小本经营者、下岗失业人员等比较适合在泉州发展。

由于南方沿海区域改革开放较早，因此民营经济竞争比较激烈，很多传统创业领域已经饱和，因此在南方创业选择新兴行业的风险比较小。到南方创业需要有独立的创业意识和实打实的拼搏精神。

西部地区首推成都，成都是中国西部地区外商投资和高新技术企业最集中的地区，重视科技创业，也是西南地区人才荟萃之地。在成都比较适合发展电子信息、生物医药、新材料、光机电一体化等高科技行业，现代都市农业，青城山、峨眉山、九寨沟等地的休闲旅游业。科技人士、海归人士、大学生、小成本创业者等比较适合在成都发展。

重庆是长江上游最大的中心城市，也是西部地区唯一的直辖市，在技术储备、劳动力技术水平方面有着扎实的基础，并且享有极其优惠的创业政策。重庆以摩托车产业为代表的机动车制造业具有全球竞争力，在天然气、钾盐、锰、铝、钡、石灰岩、煤、硫、锶、石膏等矿产资源开放发面也具有得天独厚的优势。在重庆还可以开发温泉旅游、矿泉食品加工等地热资源方面的领域。比较适合科技人士、海归人士、资本雄厚的创业者。

西安是西北地区最大的城市，在西安的创业成本较低，创业资本总量名列全国第五位，并且资源极其丰富，存在一些市场空白，在某些领域，竞争者比较少。在西安适合发展电子与信息技术、光机电一体化、基础新材料、现代生物与医药等高新技术产业，农林种植业，旅游业。科技人士、农林业人士等比较适合在西安发展。

相对于其他地区来说，西部的思想观念和生活方式比较保守。因此，如果创业者想要去西部创业，需要做好足够的思想准备和有充分的耐心。

北部地区首推北京，北京具有成熟的创业环境、丰富的人力资源、规范化的市场经济、巨大的品牌效应和丰富的创业商机。在北京适合发展电子信息、生物工程和新医药、光电一体化、新材料等新兴高科技行业，文化、传媒产业，涉外接待，旅游服务，酒店业等。科技人士、海归人士、文化人士、大学生等可以在北京发展。

天津是华北地区最大的航运中心，是我国重要的交通枢纽，具有极其优越的地理环境，在创业的融资、税收、人才等方面有着诸多的优惠政策。在天津适合发展物流运输、港口贸易和生物医药产业。科技人士、海归人士、商贸人士、大学生可以在天津发展。

大连拥有中国最优良的港口，高级人才密集度仅次于上海，经济开放程度较高，有着深厚的工业基础。在大连适合发展造船、装备制造业等制造业，养殖及加工业。科技人士、商贸人士可以在天津发展。

聪明的创业者要选择最适合自己的地域，然后利用地域优势迅速致富。

蔡甸莲藕看起来相当普通，但却是是每年中南海国宴上必不可少的菜肴。蔡甸莲藕的零售价从五毛钱一斤涨到了十元一斤，年产值也超过了五亿元。

五年前，刘吉本是一名下岗职工，下岗之后他一直在外地和朋友做汽车配件生意，也没有赚到多少钱。后来，刘吉本回到老家蔡甸过年的时候，发现老家的莲藕品质要比外地的莲藕品质好很多，但是，由于老家的莲藕缺少经销渠道，所以销量并不是很好。

后来，刘吉本经过调查发现，老家莲藕的经销渠道主要是依靠政府，很少有农民进行自主营销。

发现了这个商机之后，刘吉本想，如果能够将品质优良的蔡甸莲藕运送到外地销售，一定可以赚到丰厚的利润。春节之后，刘吉本和六个朋友一共凑了八万元钱，开始做起了莲藕生意。

刘吉本先是托朋友在郑州、北京等城市探听消息，发现很少有人在北方做蔡甸莲藕的生意。

因此，刘吉本决定多跑路，把蔡甸莲藕运送到外地，借着地域差来把握商机。

刘吉本首先把莲藕运送到了比较近的郑州，在定价方面，刘吉本把蔡甸莲藕的价格提升了三倍。他之所以这样做，是为了突出蔡甸莲藕的价值。没想到，这种策略果然获得了成功，仅仅一年之间，他运送的蔡甸莲藕就卖出了九百多吨,年销售额达到了三千万元,纯利润达到了八十万元。

刘吉本迅速声名远扬,不少新闻记者都来采访他。借着采访的宣传作用,刘吉本将蔡甸莲藕的品牌推广到了更远的地域。接下来,刘吉本的莲藕迅速畅销全国,第二年便实现了销量翻倍,赚得巨大的利润。

刘吉本敏锐地看到了地域差的优势,将蔡甸莲藕的价格提升三倍,从而致富。穷小子在创业初期可以多关注地域动态,看看自己所在区域有什么独特的地域优势,然后抓住商机将这些地域优势放大,通过赚取不同地域的差价来获得创业的成功。

4. 多拜访，把客户变成私有财产

这个世界上，所有事情都处于不断的变化之中，没有什么是永恒的。金钱靠盲目的看守，是留不住的，能够留住的也只有你个人的能力。所以说，穷小子想要发财，靠的不是攒钱，而是不断地积累你赚钱的能力。从某种角度来说，有怎样的客户，就决定了你有怎样赚钱的能力。客户是潜在的资源，拥有了客户，你就拥有随时赚钱的能力。

因此，穷小子在工作中要特别注意积累属于自己的客户资源，而不是只会给公司或者老板搜集客户。为了将客户变成自己的，你可以借为公司跑业务的机会去积累客户资源。人际交往中，第一印象特别重要，因此在访问客户的时候，你要注意自己的衣着打扮，衣服以整洁、朴素、大方、合体为主，同时最好让发型师设计一款适合自己的发型，衣着打扮一定要能衬托出自己的气质。在与客户交谈的时候，语气和态度要谦和，要学会赞美客户。当然，赞美并不是明显拍马屁，而是话语中不经意之间提起客户的成就，不着痕迹地赞美。心理学说，每个人都是很自恋的，每个人都希望自己得到他人的赞美。谈话的时候,你应该多谈论和客户有关的事情,少谈论自己,使客户感觉到你对他的重视。

穷小子在跑业务的时候要学会充分地做人情。利用自己的权力,让几分利益给客户,以后他还会和你交易,这样可以留下个好人缘,便于你日后与客户保持继续合作的关系。

每次拜访客户的时候,你还可以准备一些私人而贴心的小礼物,送礼物的时候要自然随意,礼物并不一定多贵重,尽到心意就行了。人际交往中有个小窍门,就是投其所好。你可以注意一下客户有没有什么特别的爱好。比如说,如果客户喜欢书画,那么你在拜访客户的时候完全可以送客户一支毛笔或者印章之类的与书画有关的小东西;比如说,客户特别疼爱自己的孩子,那么你在拜访客户的时候可以给客户的孩子顺便带个小玩具。

与客户交往的过程中,你应该要心细一点。在天气突变的时候可以用个人名义给客户发个短信问候,在节日的时候可以打电话为客户送出祝福,让客户感觉到你对他的关心。当你和客户的关系拉到足够近的时候,可以以朋友关系请客户吃饭联络感情。

需要特别注意的是,在联系新客户的同时,你也千万不要忘记了老客户,要多巩固自己以前积累的人脉关系,这样你的人脉圈子才会在稳扎稳打中不断壮大。当你在一个行业中拥有足够多的客户的时候,这就说明你个人开始掌控了比较成规模的市场。此时,你完全可以独自创业,借助手中掌握的客户资源一举获得成功。

贫困大学生黄建文自主创业开公司,两年便赚到了400万元。黄建文之所以成功,靠的就是不断地积累客户,把客户变成了自己的私有财产,然后通过手中的客户资源,迅速赚到了400万元。

2001年,黄建文考入了湖北汽车工业学院,在即将大学毕业的时候,因为拖欠学费,校方拒绝给黄建文发毕业证书。无奈之下,黄建文只得拿着高中毕业证和大学的学生证去到处找工作，可想而知，所有的面试官都以黄建文没有工作经验而拒绝了黄建文。

后来，黄建文准备去深圳闯荡一番。他首先去了一家民营公司的人力资源部打杂，工作很辛苦，但是，黄建文总是兢兢业业地工作。有时候他一天下来要盖4000多个章，盖到手发软抽筋；有时候，他甚至顶替清洁工人，在公司干拖地板、刷厕所等脏活、累活。

就这样，黄建文一边在民营公司干着打杂的活，一边到处寻找新的工作。

这一次，黄建文告诉对方自己有四年的工作经验，拿着高中毕业证去应聘，最终应聘上了一家物流公司的业务员的职位。而他的工作也相当普通，是向出口企业推销货运服务。当时他自己背上背着一个大包，每天早出晚归，渴了就喝点自己包里的装在可乐瓶里的水，那段时间的工作，和之前一样辛苦。

然而，黄建文的勤奋工作得到了回报，他仅仅用半年的时间便完成了公司一年的销售额，在公司获得了“销售冠军”的荣誉称号。

为此，公司给予黄建文每月7000元的底薪和提成，但是黄建文对此并不满足。他在工作的同时，借着拜访客户的机会与客户们促膝长谈，积极建立友情。

久而久之，黄建文借着工作机会积累起了深圳物流业的人脉，凭借手中掌握的客户资源，黄建文做起了业务代理，每个月能够拿到三万到四万块的佣金。

黄建文打算进一步充分利用手中的客户资源。2006年，黄建文辞职后开始创业，创建了属于自己的物流公司，并且在三个月后将公司业务拓展到了国际快递、海运、空运等多个领域。由于此时的黄建文已经在物流业积累了相当丰富的客户资源，公司不断发展壮大，员工也发展到了50余名。到了2006年年底，黄建文的个人资产已经超过了400万元。

从一名靠贷款完成本科学业的贫困生，到一家国际物流公司的总经理,黄建文靠的便是不断地拜访客户,逐渐地把客户从公司财产变成自己的私有财产,最终借着手中的客户资源,成就了自己的事业。

对于有了一定工作经验的穷小子，可以在自己工作之外做一份与工作有关的副业,充分利用自己在工作中积累的客户资源进行创业,这种创业相当于是原工作的延续,创业也更加容易成功。

建军主要从事与建筑材料有关的化学试剂推销工作,多年的工作经验使建军积累了数目庞大的客户资源。后来,建军觉得这些资源闲置也是一种浪费,自己应该充分利用这些客户资源,于是便和朋友合伙开了一家建筑材料店,建军负责销售建筑材料。由于建军在推销化学试剂的时候便认识了很多客户,凭着多年以来与客户合作建立起来的信任,建军很轻松的把建筑材料推销给了客户,建筑材料店的生意很火爆。

值得注意的是,对于穷小子来说,如果你准备从事副业,一定要慎重。当你从事副业的时候不要被眼前的短期利益所蒙蔽，不能因为副业而影响了客户的利益或感受，更不能因此放弃了自己原本工作的发展机会和长期规划。穷小子处于精力旺盛的年轻时期,正处于事业上升打拼阶段,这个阶段你应该积极锻炼自己,提升自己的业务素质和专业技能,如果为了短期利益而放弃了自己的职业发展规划,削弱了客户对你的积极评价,会影响到自己长远的发展前途和利益。

培养客户有以下几个要点：

1．借着为公司跑业务的机会去积累客户资源,要特别注意自己的衣着打扮和谈吐气质,给客户留下一个好印象。

2．跑业务的时候要学会做人情,让几分利益给客户,这样可以留下个好人缘，便于你日后与客户保持继续合作的关系。

3. 要心细，每次拜访客户的时候可以带一些贴心的小礼物。在天气突变的时候可以给客户发个短信问候，在节日的时候可以打电话为客户送出祝福。

4. 循序渐进地培养客户关系，要经常请客户吃饭联络感情。

5. 在联系新客户的同时，千万不要忘记了老客户，要多巩固自己以前积累的人脉关系。

穷小子想要发财致富，就一定要培养出“客户永远比金钱重要”的观念，当你的手中掌握着一大批客户资源的时候，你便拥有了赚大钱、发大财的能力。

5. 加入同业协会，穷小子不再孤单

创业想要获得成功，就必须要对行业的内幕有足够的了解。穷小子在创业初期，可以加入行业协会，利用协会的交流机会，向行业内的前辈请教相关的经验。这样，通过他们口中透露的信息，收集行业的内幕消息，并且获得机会，为自己创业的道路做铺垫。

在加入行业协会前，你必须要先掌握行业信息来帮助判断，这样，你在行业协会中才会有机会和业内的顶尖人士找到共同话题，才可以在同行协会内结交聚拢人脉。你不妨通过以下几种方法收集行业信息：向咨询机构购买行业内的报告，向行业内的领先企业索要相关资料，走访行业协会或者是业内顶尖的专家，查阅行业内的权威期刊杂志，通过专业的数据库检索行业信息，通过网络方法检索行业信息。

一般说来，最常用最便捷的方法是通过网络去搜索行业信息。具体来说，你可以通过百度和谷歌检索出行业的关键词，然后从搜索结果中发现很多具有价值的信息；你可以访问行业内顶尖企业的网站，在这些网站

中，汇集了很多同整个行业相关的信息和企业背景介绍；你不妨通过行业论坛搜索行业信息，行业论坛中往往有一些资深人士，他们会在论坛内发布一些具有专业深度的帖子，这些帖子会帮助你更好地了解行业的诸多运作规律和内幕；你可以从金融界的门户网站上下载招股说明书，从招股说明书中可以看出更多行业信息，而上市公司的招股说明书中一般也会介绍行业的大致情况，比如行业发展概况、行业主要特点、行业的竞争情况、行业的利润水平，等等，这些信息都有极大的参考价值；你可以加入行业的QQ群，在这些QQ群里面与很多业内基层人士进行交流，这样可以方便快捷地获得很多业内的第一手信息。

当然，网络上了解到的行业信息一般都属于最浅层的。作为创业者，你需要了解更深层次的行业信息，这样才能够为自己的创业道路找到明确的方向。

在掌握了最基本的行业信息之后，你便拥有了和业内资深人员谈论共同话题的资格，这时候你便能进入行业协会与业内资深人员进行交流了。值得注意的是，在行业协会中，你应该多和不同层次的业内高手交流，这样你才能掌握行业各个层面的信息。为了明确创业的方向，你需要先拿到行业内顶尖公司的名单，了解他们的产品和他们的运作方式；需要了解业内主要公司的财务报表，以及整个行业的客户的共同需求；行业的技术特点和壁垒也应该在了解的范围内。

当你通过同行协会了解到深层次的行业信息之后，可以根据业内动态明确创业方向，这样，你的创业目标会清晰很多，创业过程也会一马平川。

2007年，清华大学的博士生杜彬决定进行独自创业。一开始，他比较看好的是文化娱乐产业，由于以前杜彬从瑞典的朋友那里了解到桌游在国外已经相当盛行，这让杜彬觉得桌游一定会在中国市场迅速盛行。当时，中国市场并没有什么桌游产品，于是杜彬决定从桌游产品开始创业。

既然确定了创业方向，杜彬便开始寻找志同道合者，经过不同渠道寻找，他最终在网络上认识了黄恺和李由。

黄恺和李由是中国传媒大学的本科生，当时，他们正在淘宝网上销售自己自制的桌游《三国杀》，并由论坛上的讨论此而认识了杜彬。

于是杜彬和黄恺、李由两人合作，将《三国杀》这款卡牌桌游商业化。三人在网络上加入了桌游玩家论坛，在论坛上积极发帖同桌游玩家交流，吸收、采纳和分析桌游玩家的建议。经过反复研究和改进，推出了推广版的《三国杀》，并且成立了游卡桌游工作室。

推广版的《三国杀》很快便销售完了，杜彬等人定期在北京各大高校举办《三国杀》比赛，并组织和成立了桌游行业协会，吸收《三国杀》的玩家、对桌面游戏感兴趣的开发者和使用者加入协会。凭借桌游协会玩家的推广宣传，《三国杀》迅速在北京传播开来。

2009 年，在第七届中国国际数码互动娱乐展览会上，杜彬等人向前来参会的爱好者们特意赠送了600套《三国杀》，并且吸纳了大量桌游玩家，而这些《三国杀》的玩家们也自发成立了各种桌游社团协会，共同交流桌游的经验和心得。在这些桌游协会的宣传推动下，《三国杀》迅速在上海风靡起来。当年，《三国杀》共售出40余万套，销售额超过1000 万元，获得了巨大的成功。

随着《三国杀》桌游以协会形式进行的推广，《三国杀》玩家与日俱增，桌游协会的成员也不断增多。不少玩家在网络论坛、贴吧、QQ 群讨论《三国杀》的玩法，并且自发组织起来，经常进行线下互动交流。

这时候，杜彬决定寻找网游公司合作，使《三国杀》拥有与线下版相辅相成的网络版，通过线下版的《三国杀》引爆市场，然后利用网络版来增加《三国杀》用户的向心程度，从而使《三国杀》的玩家群体规模逐渐扩大。果然，当盛大网络研发出了《三国杀Online版》、游戏公测之后便获得了极大的成功。

杜彬和黄恺、李由三人合作研发推广了《三国杀》，并且在网络上积极寻找桌游玩家交流，在交流中获得行业经验，然后借助行业协会推广的形式来改进《三国杀》，从而获得了成功。这个案例给我们的启发是，创业者在创业之前，可以加入同行协会与业内资深人士进行交流，或者拜访业内名企的资深人士，或者在行业论坛中与朋友探讨，或者在行业QQ群里交流，通过交流加深对行业的了解，从而确定创业项目的研发方向，制订出正确的企业发展规划。

总体来看，穷小子在创业初期可以通过加入行业协会结交人脉——你需要先掌握最基本的行业信息，然后和行业协会与业内资深人员进行交流。在交流过程中，你需要了解行业内顶尖公司的产品、运作方式、财务报表、行业的技术特点和壁垒，还有整个行业的客户的共同需求。你可以结交同行协会中的志同道合者共同创业。

选择合作者需要注意：

1. 合作者的品质必须要好，因为过硬的品质是相互信任的基础。

2. 行业协会中的合作者，其性格或者能力需要具有一定的互补性。选择合作者的时候要慎重，看清合作者的特长和短处。你需要用一种开放的心态来看待合作者，发挥出合作者的长处，包容合作者的短处。

3. 你必须与合作者在协会活动中有良好的沟通。企业是利益共同体，企业中的所有成员都有责任去主动沟通。缺少沟通会导致团队成员之间产生误会，消除误会的最佳方法就是多沟通。

4. 合作者应该是能够承担责任的人。创业过程中不可避免地要犯错，因此必须要有为错误承担责任的能力和心态。无论是创业成功或者失败，都需要合作者们共同分享，赚钱了合作者们一起分，赔钱了合作者们一起扛。合作的过程就是取长补短，发挥出最大资源优势，共同朝着创业目标努力的过程。

6. 订一份期刊，掌握市场信息

在创业过程中，市场信息是创业者开展一切工作的向导。创业者只有掌握了市场信息，才能够积极把握住市场的动向，才能够在竞争激烈的市场环境中稳步前进。在创业初期，你需要通过收集整个行业发展的最新动向，来确定市场策略和战略部署；你需要了解竞争对手的动态来规避或保护自己的项目；你需要了解同类产品的创新动向，从而改进自己的产品。只有当你掌握了最新的市场动态，才能够及时生产出最适合市场的产品，才能够把握住市场潮流的先机，才能够在激烈的竞争中占据最大的优势。

权威研究表明：市场信息、资金、技术和人才，构成了企业的四大竞争要素。市场信息是企业核心竞争力的重要组成部分，因此，在激烈竞争时期，你必须要充分把握市场信息，充分了解市场动态，才能够在残酷的竞争中占据有利地位。市场信息的搜集，对你的创业有着极其重要的作用，只有掌握了市场信息，你才能在激烈的竞争中获得长远的发展，你才能制定出正确的创业项目经营发展战略，你才能够找到适合自己的细分市场领域，你才能够及时发现市场中的商机。因此，有效地把握住市场信息能够帮助你在竞争中占据优势地位，赢得创业过程中的主动权，及时应对市场变化，规避创业过程中的各种风险。

而这样的信息搜集过程，常常是一份市场信息期刊就可以完成的。

普通农民孙桂云并不宽裕，她偶然听说附近有一家养鸽场即将倒闭，于是便想要接手这家养鸽场。在决定接手养鸽场之前，孙桂云开始收集市场信息，她到周边的市场调查消费者对鸽肉的需求状况，收集了大量市场数据并且进行了认真的分析。经过对市场信息的调查分析，孙桂云发现养鸽场从业者并不多，但市场需求量很大，具有很大的发展潜力，于是决定接手这家即将倒闭的养鸽场，开始搞肉鸽养殖。

孙桂云从亲戚朋友家里借钱收购了养鸽场，并且积极学习养鸽知识。第一年她和丈夫养殖了五百对种鸽，到年底便实现了养鸽收入三万元。第二年起，孙桂云利用手中的相关农业市场信息期刊，进行了细致的市场调查，引进了新品种的种鸽饲养，采取新技术，到年底实现了收入四万元。这时候，孙桂云尝到了市场信息收集、调查的甜头，于是她重新注册了新的养鸽场，并且邀请专业人士进行养鸽市场的分析和调查，将养鸽规模扩大到了两千多对，到了年底实现了年收入七万元。后来，孙桂云埋头研究养鸽市场信息收集与分析的技术，并且夜以继日地学习养鸽知识和管理经验，不断地引进种鸽的新品种，养鸽场的规模越来越大。如今她的养鸽场场地面积扩大到了四万多平方米，具备了几十个优良品种，养鸽场的利润也突破了百万元大关。

目前，国内外许多大型企业都设立了专门的信息部门用来收集市场信息。如果穷小子有了自己的企业，可以先成立一个以自己为首的信息决策小组，并且在未来发展过程中，考虑设置专门负责市场信息收集整理的部门，由市场经验丰富的员工收集信息并且整理分析之后提交到决策组织，然后由决策组织对市场信息进行再分析，从而制定出创业发展战略规划。

市场信息收集部门可以通过网络、交流会、知识讲座、调研机构数据库、问卷调查、客户交流等方式来开展市场信息的收集，需要重点关注行业内的新闻信息，然后每天抽出重点的信息进行分析，每周或者每个月对收集到的市场信息进行汇总，结合公司的具体情况看看哪些市场信息比较有价值，可以对公司的决策起到参考作用。每个季度或者半年把收集到的所有市场信息进行系统化的分析，参考市场信息对公司未来的发展做出方向性的指引和小结。

除了建立专门的市场信息收集部门之外，你也可以通过订一份专业的期刊的方法来掌握市场信息。专业期刊的专业性较强，对于业内动态、产品信息和市场动态的把握比较精确，能够传递比较全面的市场信息。

沃尔玛的成功在很大程度上便是因为掌握了市场信息。在创业初期，沃尔玛便建立了专门的市场信息收集部门。当时，沃尔玛的竞争对手们都倾向于将零售网点开设在大城市，他们的原则是只在人口超过两万五千人的城市开店。而沃尔玛的创始人沃尔顿经过研究收集的市场信息发现，很多小城镇缺少零售网点，小城镇有着巨大的消费潜力，未来零售业在小城镇的发展前景一定比大城市要好得多。因此，沃尔顿根据市场需求制定了农村包围城市的发展战略，在人口超过四千的小城镇广泛建立零售网点。就这样，沃尔玛百货公司在小城镇中一个接一个地建立零售店，市场占有率不断提高，最终超过了所有的竞争对手,成为了零售业的巨头。

沃尔玛十分注重市场信息的收集和反馈,并且在市场信息收集方面投入了大量的资金。1983年,沃尔玛投入巨资与美国休斯公司合作发射了一颗商业卫星,并且投入了七亿美元建立了一套信息系统,这套系统依靠计算机与卫星交互进行通讯。正是凭借着这套信息收集系统,沃尔玛可以快速地掌握公司内部的信息动态,将公司总部和分销中心、零售店的信息交流紧密地联系起来。沃尔玛直接从工厂统一进货统一分配,随后货物运送到分销中心,然后在计算机系统上分配订单在零售店上架。整个过程的市场信息反馈都会被卫星传送到电脑上,每件商品都会在电脑中留下信息,这样公司总部能够随时掌握货物的销售情况,及时得到市场信息。正是依靠着快速的市场信息收集和反馈机制,沃尔玛大大节省了库存费用,经营成本降低了许多,加速了资金的周转。能够实时掌握市场信息正是沃尔玛成功的关键性因素。

沃尔玛正是通过建立顾客信息系统与物流信息系统相互连接的信息网络,随时掌握市场信息,从而使商品快速周转,实现了产品的零库存,加快了商品周转速度。这为沃尔玛提供低价格的商品奠定了基础,从而提高了沃尔玛的竞争力,使沃尔玛获得了成功。

想要成功创业,穷小子必须要建立完善的市场信息收集与整理机制,你需要遵守:

1. 转变观念,高度重视信息的收集与整理工作,培养市场意识和销售意识。

2. 将收集到的市场信息与创业的发展决策结合起来,建立完整的系统机制,充分运用网络、媒体、问卷调查等多种渠道把握市场信息。

3. 利用专业媒体资讯平台,订阅一份专业期刊。

4. 借鉴国内外创业成功的经验。

当你把握住了最新的市场信息，对市场信息做了正确的分析和决策，便在激烈的竞争中占据了巨大的优势，从而奠定了创业成功的基础。

7. 分析定位,谁是你的用户群

随着中国经济市场化程度的不断加深,买方需求逐渐多样化,不同行业的市场和产业链不断细分,消费者对于市场产品的需求也产生了的差别。由于不同的消费者口味不同,你不可能让所有的消费者都认同自己的产品。因此,你必须要准确定位自己的客户群,打造客户群的专属产品,这样才能够使产品在营销方面获得最大程度的成功。所谓“知己知彼,百战不殆”,创业者还应该通过定位用户群的需求来占领细分市场,对目标用户群进行精准定位,从而提高企业的核心竞争力。

首先,你需要找出自己的目标客户群。你可以从两个方面针对所有的客户进行初步的判断和确认:第一,你需要寻找对公司产品有共同需求和偏好的消费群体;第二,你需要寻找能够帮助自己公司获得预期利润的群体。你可以通过具体分析客户群的可支配收入、年龄分布、地域分布、购买类似产品的支出统计等数据,来进行客户群的细分,然后再根据年龄层次和购买力、消费习惯等因素来对客户群进行进一步的筛选。

有一家欧洲的企业曾经分析过中国的消费群体：中国的消费者群体一共有13亿人，其中市场网络组织化消费者有3亿人，其他的10亿人都是呈现分散化的消费者；这3亿市场网络组织化消费者中，拥有足够收入来购买高品质消费品的消费者有8000万人；8000万人当中，欣赏欧洲企业产品并且愿意消费的有300万人。就这样，这家欧洲企业通过一步一步的定位细分用户群从而找到了适合自己公司产品的300万人的目标人群。

在找准了目标人群之后，你需要对目标人群进行进一步的细分。你可以从目标人群的具体特征考虑，对消费者进行充分的分析定位，明确目标用户群的心理特征和消费特征，然后确定针对目标用户群的最终方案。为此，你首先要对客户进行调查，或者收集经销商的数据，然后对目标用户群进行排序，将排序分为首要关注对象、次要目标和辐射人群这三类。首要关注对象，是指目标用户群中具有最高消费潜力的消费者；次要目标，是指与产品有一定范围的交集且有很大的可能为公司产品创造重要销售机会的消费者；辐射人群，是指购买欲望相对弱但是能够通过广告、营销等手段使其购买产品的那部分消费群体。

细分目标客户群之后，你需要通过营销、推广等不同的手段，来让首要关注对象对自己的产品产生认同，使他们成为产品的忠实拥护者。接着，你需要通过诚信、品牌效应、客户宣传等多种手段在次要目标和辐射人群中扩大自己产品的影响力，从而使自己的产品在长期销售中占据优势。

在对客户群定位之后，你需要为客户群打造出专属的产品。因此，你需要从多种角度来了解用户群对自己产品的需求。你应该从用户群的行为、态度、购买动力等多方面来综合了解用户群对于自己产品的需求。比如，你可以对市场中的消费者行为进行产品测试、包装测试、广告文案测试、业务分类研究、品牌资产调查等消费习惯研究，从地理分析、人口统计、心理研究、行为研究和需求研究等多个角度来分析用户群对于产品的具体需求。

为了细分目标客户群，有一家烟草公司开展了对吸烟者消费特征的研究。通过一系列的问卷调查、数据收集等形式的研究，烟草公司发现：有些人抽烟是想要通过吞云吐雾的那种感觉来释放自己的压力，从而获得放松；有些人抽烟，则是因为觉得抽烟的感觉很酷，为了表现自我；有些人抽烟是为了打通社会交往中的人际关系。最终，这家烟草公司根据公司的风格与能力，将为了打通社会关系的那部分客户群定位为自己公司的核心用户群。

在创业过程中，只有明确了自己产品的用户群，明确了用户群的心理和消费特征，才能对用户群进行精准而充分的分析，才可以使自己的产品在激烈的市场竞争环境中稳健经营，从而获得创业的成功。

北京小米科技有限责任公司，便是通过精准的目标用户群定位，成为了中国最赚钱的手机公司、世界排名第三最赚钱的手机公司。

在小米科技有限责任公司刚刚成立的时候，整个手机市场呈现的竞争态势异常激烈。当时，中国手机市场有开始风靡世界的苹果手机、有陷入困境的诺基亚手机、有新兴的HTC手机，有无数竞争激烈的中外品牌手机。然而，小米手机通过精准的用户群定位，在竞争激烈的国内手机市场闯出一片天空，最终获得了成功。

小米手机定位的用户群是小众用户，核心用户群主要是高性能手机爱好者。由于中国的手机市场竞争过于激烈，因此小米选择了通过精准定位来避实就虚，放弃了一些并不专注的消费者，牺牲了一些无关紧要的销量和业绩，从而迅速从核心用户群中获得了巨大的销量。

很多中小企业手机喜欢像大企业一样去自我定位，全盘通吃，不断扩大自己的目标用户群，他们因此失去了精准的用户群定位，从而迅速失败。

比如，曾经的手机行业老大诺基亚手机产品逐渐大众化，由于没有精准定位自己的目标用户群，诺基亚的手机产品四面出击，最终失去了自己原有的产品特色和优势，陷入了四面楚歌的困境。诺基亚失败的关键就在于没有精准地定位好目标用户群，产品出现了几百元到几千元差价不同的手机款式，从而使自己的用户群出现了消费转移，导致用户群选择了其他品牌，因此诺基亚陷入了困境。

诺基亚放弃了用户群的精准定位，从而陷入了困境；小米选择精准定位用户群的战略，最终获得了成功。由此可见，精准定位用户群具有巨大威力。这样的案例更值得穷小子在创业过程中借鉴。

你可以通过精准定位用户群的需求来占领细分的市场，从而提高企业的核心竞争力。

1. 找出自己的目标客户群，找出对公司产品有共同需求和偏好的消费群体和能够帮助自己公司获得预计的利润的群体。

2. 对目标人群进行进一步的精确划分，对消费者进行充分的分析定位，明确目标用户群的心理特征和消费特征，然后确定抓住目标用户群的最终方案。

3. 通过营销、推广等多种手段让用户群对自己的产品加强认同，增大自己产品在用户群中的影响力。你需要从多个角度来了解用户群对自己产品究竟有怎样的需求。你可以从用户群的行为、态度、购买动力等多方面来了解用户群对于自己产品的需求，为用户群打造专属的产品。

第六章

识风险：血性要热，头脑要冷

穷小子成长的道路，绝不可能一帆风顺；与之相反，其中势必会出现不同程度的风险。

如果缺乏必要的风险防范意识，即使有千载难逢的机会放在面前，穷小子也未必能触摸到梦想实现的边缘。更不用说如果无法充分观察风险，穷小子很可能盲目、冲动地进入市场，结果带着过热的头脑面对职场和创业，导致最终失败。

因此，血性要热，头脑要冷，看清一切，你才能越过风险的风浪，抵达梦想的彼岸。

1. 跳槽风险:别乱动自己的奶酪

"今天,你跳了吗?"

如今,"跳槽"已经成为这个时代的一个流行词,成为许多职场新人的一种常态。

日前,某研究所学者对"跳槽"现象做了详细的研究,他按照地域、年龄以及受教育的程度等,抽取了某高校的几个毕业生作为研究对象,分析其"职业发展"与"家庭出身"之间的相互关系。调查结果显示:父辈的职业地位,很大程度上决定了儿子辈的职业地位。

研究者还发现,在父辈是中下层的223名受访者中,有160人同样居于中下层。父辈属于下层的68人中,只有8人实现了"逆袭",跻身上层;而父辈属于上层的30人,无一人"堕"入下层。此外,"穷二代"们更热衷于跳槽。"跳槽超过三次"的群体中,"穷二代"所占比例是"富二代"的7倍。

而在另外的一次调查中,73.37%月收入在3000元以下的受访者,其父辈的月收入也在3000元以下;而39.99%月收入在8000元以上的受访者,其父辈的月收入也在8000元以上。

现在不少刚大学毕业的职场新人，他们自恃能力高，总觉得目前的工作“太屈才了”，所以很多人刚踏进一家单位就开始计划着往另一家单位跳槽。结果跳来跳去，把跳槽当成习惯后，更多的人会对自己的职业生涯感到茫然，对未来不知道该何去何从。最后却发现还是原来的山头最高最好。

跳槽可以说就像一段平衡木，一端是机遇，另一端则是风险。身为职场新人，有的嫁了个好人家，有的却悲壮地牺牲了。

周立是个大专院校的毕业生，家境一般，毕业三年后，他走马灯似地不停换单位：在贸易公司做过文秘，在私营公司做过经理助理，在大型国有企业做过工人，在设计公司做过策划人……始终没有一份工作能够让他稳定下来，为此，周立自己也很苦恼。

要说周立个人，其实他的条件还是不错的。在工作中，他自考了本科文凭，另外他还考取了教师证、报关员、电子商务师……杂七杂八的证书确实很多。他自恃工作能力强，又有不少证书，找份新工作是件很容易的事情，所以在单位里时常盛气凌人、做事马虎，与同事们相处，关系也十分紧张，于是被不少单位婉言辞退。

这一段时间，他在一家贸易公司里又开始发愁了。他业务开展得很不顺手，常常受到老板的批评和指责，同事们一个个也离他远远的，没有一个人能帮助他，他自己也估计这份工作又做不长了。

张波是一所名牌大学毕业的高材生，在大学学的是新闻专业。2008 年大学毕业之后分配到一家贸易企业工作，但很快他就厌倦了严谨重复的工作模式，加之这份工作和自己的专业完全不对口，要是一直干下去的话，张波认为自己的大学四年就要白读了。

于是张波放弃了这份稳定的工作，进了一家报社。由于报社刚刚成立，人少活多，而且管理混乱，很快他就熬不住，跳去了一家小杂志社。然而就像染上了一种习惯性的疾病一样，在接下去的两年里张波一口气换了四家杂志社，但每次都待不久，不是杂志社倒闭了，就是自己厌倦了。如今已经30岁出头，但他还在各家广告公司漂移着。

对年轻的职场人来说，因为年轻，想有更好的发展前景，想拿更高的薪水，于是想通过跳槽来实现自己的目标，这本无可非议。但就像中山大学MBA中心副主任马绍壮博士所说，什么事都应该要有个"度"才行。如果一味地跳槽，而忽视了自身素质的修炼，那么到头来，可能就是得不偿失的结局。

像周立和张波一样，他们工作几年下来，跳槽的次数可能连他们自己都记不清了。结果呢？马上要30岁出头的人，在别人看来应该正是大展宏图的时候，可他们却依然还是个普普通通小员工，漂浮不定于小公司中。

跳槽是一种十分"危险"的行为。许多职场新人跳槽总是有这样或那样的理由。而跳槽的具体原因可以分为三种情况：

1. 发展性跳槽。这类跳槽者一般在企业已经有了不错的职业地位，有的人甚至靠自身的业绩成了企业中的骨干，但在这样的过程中，对自己有了新的认识，发现了自己的职业潜力。他们为了更快更好地自我发展，便主动地对目前的职业以及环境作出调整。

2. 适应性跳槽。这类跳槽者在职场拼搏中，一旦遇到难以克服的困难，比如，不能很好适应岗位要求、人际关系比较紧张等，就往往选择离开的方式来逃避。这类跳槽带有一些迫于压力的味道，跳槽者试图通过自己的跳槽行为来改善环境，从而改变自己的职业前途。

3. 盲目性跳槽。这类跳槽者往往并没有多少实际理由，因此，他们的跳槽决定非常草率，比如看见周围有朋友跳槽，自己就盲目地跟风，也可能只是一时心血来潮，发现一个机会就做出轻率决定。还有的人片面相信"树挪死，人挪活"，认为只有不断选择跳槽，才能碰到更好的机会，甚至他们仅仅是为了从更换工作的体验中得到一种刺激感。

不管你是出于什么原因，当你又起了跳槽的念想时，就代表着你的跳槽行动要开始了。但是，为了能够跳得更“高”，在跳槽前你应该注意几个问题：

1. 为什么不满意现在的工作，哪些方面让你不满意？

2. 跳槽是你经过慎重考虑后的最终结果吗？还是你一时的冲动？尝试过自我调整吗？

3. 跳槽之后能够得到些什么，将会失去些什么，两者相比较你觉得这样做是否值得？

4. 跳槽后，为了适应新的工作环境，建立新的人际关系，你需要付出更多的精力，对自己有信心吗？

5. 背景、能力、条件能适应新的工作吗？

6. 有没有自己的职业目标？新的工作能否为你提供清晰的职业发展方向，能否为你提供崭新的发展空间？

跳槽，对于职场新人来说，不仅需要付出时间的代价，还要承担机会的成本。跳槽的收益还会被失去的收入抵消，同时，跳槽还需要付出失去原有人脉的代价，原本拥有的职场默契没有了。此外，还需要进入新的人群，循环性地经历新的磨合期。

跳槽之后是否适应新的工作环境是一个未知数，可能是抛弃了比较好的一个工作机会而接受了一种完全陌生的工作模式，这时候跳槽或许也解决不了工作中碰到的困难和瓶颈。

同时，频繁跳槽对于职场新人而言，会使他们总是在一个较低的平台中流动，很难再获得上升的空间，从而也削弱了他们的职业核心竞争力。

最终，频繁跳槽对于职场新人来讲，都是一种负面影响，因为他们正处于事业的起步阶段，频繁跳槽只会使自己在各方面都没有得到积累，同时给企业、单位留下不踏实、不稳重的印象，甚至一些企业还会对他们的“职业忠诚度”提出质疑。

有的职场新人跳槽只是为了得到更高的薪水，可是新的工作却未必能够胜任，干了没多久就被公司辞退了，原来的工作也没有了。所以，跳槽是一种充满风险性的活动，跳槽前一定要明确新工作适不适合自己干，否则弄不好只会“赔了夫人又折兵”。

想要摆脱频繁跳槽的“恶性循环”，需要学会定位：

1. 做好自身职业规划，包括了解自身的个性和爱好、职业发展的方向、自己的工作能力、能够接受的工作等。如果自己无法做出有效的自我判断，那就请教专门人士，或者请教有相关跳槽经验的人。

2. 跳槽之前，请想清楚跳的目的。如果跳槽仅仅是为了提高收入，那不妨在跳槽之前，问问自己，你是否做得了高薪的工作。如果有足够理由认为自己具备相应的资本，那么跳槽也并非坏事，但如果与之相反，还是暂时稳居现有职位较好。

3. 在跳槽之前，请确定自己目前的工作状况，是不是已经到了迫不及待需要跳槽的程度。比如，你可以自问，在原单位是否已经做出一定的工作成绩，等等，因为只有这些才是你跳槽的真正基础。

4. 跳槽想要跳得好，就一定要选择好时机，这样才能顺势而为，不断提升自我。

5. 跳槽时尽量低调，否则很容易对自己的职场生涯造成不利影响。

穷小子要想在职场中生存得更好，有更大的作为，还须得先优化自身，即让自己有优秀的工作能力、卓越的工作成绩，并对企业要有基本的忠诚，同时拓宽、加强自身的专业知识。只有自身的“硬件”好了，才能不断往上走，去突破目前薪资的限制，并最终实现创业的梦想。否则。在快速实现薪酬增长的同时，也将快速遭遇薪酬负增长的瓶颈。

2. 投资风险：正确面对利益诱惑

投资，实际上是将货币转化为资本的过程。当然，在资本投资之外，你也可以利用实物投资和证券投资使原先的资产增值。

近年来，随着经济的发展，"投资"一词频频出现在人们的生活中，它涉及财产的累积和在未来得到收益的多少，因此显得重要。从技术的角度说，这个词意味着你要将财产放入"其他地方"。以专业的眼光来看，相对于投机而言，投资的时间段更长一些，也更可靠，是为了在未来一段时间内获得某种比较持续稳定的资金流收益，是未来收益的积累。

投资对于"草根"来说，似乎并不现实，你甚至会觉得这是成功人士才会操作的事情，但你有没有想过，通往成功的道路上往往必须经历这样的现实，如果你不去尝试，可能永远都是"草根"。当你攥着银行存折的时候，是否想过利用一些有效的方式让其增值？你身边的投资渠道可能很多，例如朋友、银行、证券公司等，他们会不断向你发出邀请，此时，你一定会想到这样一句话：投资是有风险的。

这句话会让很多人瞬间打消“投资”的想法，其实，你完全可以用积极的态度面对这件事情。所谓投资，本就是一把双刃剑，在为你带来利益的同时也会增加相应的风险，这是由市场规律决定的。所以说，“穷小子”在面对投资的时候，不能单看收益或是风险，应当尝试考虑最佳方案，你才能正确规避风险，将投资收益率提升至最高。

现年30岁的小王是某私营公司的普通职员，税后收入每个月5000元左右，四大节日公司会分发奖金，每年约有6000元。另外，他的住房公积金按照3.5万元/年分发，属于典型的“草根”阶层。

年初，小王结婚了，妻子是更为普通的公司员工，扣除社会保险后，月收入3800元，没有公积金。两人婚后住在单位分配的房中，不需要支付租金，也没有按揭，小日子过得还算滋润，手中有银行存款20万元，还有15万元投资在股票市场中，考虑到3年内会要小孩，面临着重要的支出，小王和妻子开始商量如何处理“家庭投资”的问题。

从目前看来，小王与太太每年有工资收入12万元左右，除去日常开支外，还能结余7万元。他们准备用这些钱为孩子投资一份成长基金，时间为5年，这份基金的收益是：除了保障本金外，还能额外获得每年百分之十的红利，而红利可以叠加计算。另外，因为考虑到现在银行储蓄的利率较低，小王打算抽出银行存款中一半的钱，投资到证券公司去，他买的是保本类金融产品，虽然收益率不是很高，但是风险较低。而近段时间，小王发现股市并不走俏，想到其中的风险较大，他又从中抽出5万元，购买了一份分红型保险：一次性投入保费5 万元整，从投入当年开始计算利息，每年12月底获取利息150元，直到受益人60岁为止，停止支付利息的次年，受益人可以拿到30万元。

通过分析得出，小王投资的项目大多是保本型，因为考虑到将来家庭开支的增加，他们宁愿选择目前收益较少却能够保证本金安全的项目。可见，小王是经过对风险进行非常细致的分析之后得出的结论，并作出了具体选择的行动，虽然不知道这些投资项目最终是否真的能够获得预期或是比预期更高的收益，至少在发生投资行为的时点上，投资人找到了收益和风险的平衡点。

相反，如果“小王”没有认真考虑投资的收益与风险，就有可能出现投资失败的情况。例如，假设小王的某位朋友做民间借贷生意，想让他把手头的钱放在其公司，并且承诺每个月给2分利——此种幅度的利息显然比银行储蓄要高得多，可以迅速实现资本增值。于是，小王不假思索便将银行存款中的20万元全部放在朋友的公司。起初，每个月都能按时收到朋友汇过来的4000元钱，一年之后，朋友的公司因经营不善而倒闭，小王的20万元也追不回来了。

假设中的小王为什么会遭遇失败的投资？原因在于他只“盯着”收益，并没有考虑其中存在的风险。要知道，民间借贷公司是因为某些社会背景而出现，在某段时间里有存在的合理性，但是也可能因为某些原因——比如经济环境的变化、具体经营的状况——而退出资本市场。邀请你参与其中的人，往往会用“高额、快速”的现金回报率为诱饵，如果你不分析其中的利弊，就有可能深陷其中。

首先，你应当通过旁敲侧击的方式，尽量了解该公司的经营情况，包括其主要运营的行业、投资的方向，等等。其中应该主要关注该公司是否存在很多应收账款，这些款项滞留的时间有多长，是否有成为“呆账、坏账”的可能，如果该类款项很多，你得慎重考虑是否要将资金投入其中。

其次，你还可以从多种渠道——从政府部门、银行部门等——了解该公司的信用等级。如果信用度很差，不妨放弃该项投资，以保证资金的安全性。

既然收获与风险是并存的关系，那么，你在看到其中一项的时候，就应当想到另一项。而值得一提的是，投资收益其实具有非常强的时效性，某段时间里，该项投资可能会产生收益，但这样的事实并不代表在未来也能产生收益。当你计算未来收益率的时候，一定要注意资本的增值速度，同时做出正确的计算，重要的是你得考虑到可能发生的消极情况，当这些情况发生的时候，资本收益率会发生怎样的变化。

在你观察的不同项目中，投入与产出比率是非常关键的，这是保证本金安全的重要参考要素，如果该项数据的结果呈现良好状态，你不妨考虑追加投资，反之则应当撤回资金。

又比如说，小王如果因为听从某位理财师的建议，在没有熟知产品的情况下就将资金全部投入进去，同样可能会导致收益不如预期的情况发生。

这说明，投资的过程中，你应当科学地判断，不能片面相信某个“权威人士”或是某种“口碑很好”的理财产品，如果把钱投在不适宜的渠道，就会使风险增加。所以说，你不能片面听从他人的分析，应当进行综合考虑，这也是增加你投资经验的重要途径。对于投资，每个人有自己的目的，但如果想要通过投资改变你的财务状况，就不得不根据自身实际情况决定投资方案。例如，你与朋友都是工薪阶层，但是你还未结婚，而他都已经有一个上幼儿园的孩子了，在考虑如何理财的时候，他就会更倾向于为孩子投资，既然你们的目标不同，投资方案肯定也会不一样。

再回到“小王”的案例，如果某位朋友和他说“A类产品的收益率很高，你也买吧”，小王因此心动了，将大部分资金投入其中，很可能不会在未来收回预期的收益，结果，这又是一次失败的投资。

很多人在投资的过程中，一开始会踌躇不定，一旦某个朋友和他说，有种产品能带来高额收益的时候，便马上把钱投进去，往往导致投资失败。

这是缺乏投资经验的表现，你不妨多读一些相关书籍，也可以上网查找与投资有关的信息，以获得更深层次的认识。

对某个人或某类产品信任度过高，是导致失败的原因之一。投资过程中，你应当保持高度警惕，凡事积极做出自己的分析，毕竟投资是为你自己的财富人生铺路。

大部分穷小子可能都是没有投资经验的“新人”，或缺乏听取不同意见的勇气。想要改变这个现状，你必须扩大获取相关信息的渠道，避免用单一思维分析投资事宜，还应当多听听他人的建议。

值得一提的是，了解投资模式应当从你还没有资产的时候开始。经验是不断积累的，你看的多，听的多了，便提升了自己的思维模式，有助于你设计出更好的投资方案。如果必须要等到自己有了足够的资产再进行投资，那么，很可能和最好时机失之交臂。

“不要把鸡蛋放在同一个篮子里”，这是非常经典的投资理论。不论哪一种投资方式，都会存在一定的风险系数，所以说，普通人需要根据时机情况，分析不同投资项目的获利情况和进行风险管理。例如，购买国债相对安全，因为虽然收益率较低，但是可以保证自己百分百收回本金，你不妨用资产的五分之一来购买国债。又比如说，你手上正好有些闲钱，自己又不着急用钱，并且目前财务情况良好，你可以尝试用这些钱做收益率较高的投资，如股票市场、基金、证券等。

当你将资本分开处理的时候，投资的安全性就提高了，即便投在股市里的钱暂时被套牢，你还有其他资金可以使用，从这个角度说，你已经实现了投资风险规避。

投资的过程中，收益总是伴随着上述风险，后者一旦出现，很多人便会“望而却步”。你也许会想：“我辛辛苦苦争的钱，万一遭遇投资失败怎么办？”不妨让我们回到最初的观点——你想要改变“穷小子”的现状，投资理财是必经之路，不能因为投资存在风险就彻底放弃，这种因噎废食的做法只会让你“饿死”。

只要你认真地分析各种投资模式，并且想到可能出现的风险，再进行合理规避，你就有可能从投资中获得收益，通过投资改善自己的经济状况。

3. 社交风险：躲开不可交之人

社交是生活中的重要组成部分。通过社交，穷小子可以认识不同“圈子”的人，大家互通信息，交流感情，不仅能很好地丰富辛苦打拼之外的业余生活，还能在一定程度上扩大自己的交友圈，而朋友多了自然“好办事”。

通过社交，你可以认识不同行业的人，因为大家所处的环境不同，有利于双方交换信息。缺少社交的人很难在社会有所发展，长期“自我封闭”只会让你成为井底之蛙。社交本身也是积累人脉的过程，不妨多参加一些同事、朋友聚会，你自己也可以组织。聚会的形式有很多，例如运动、吃饭、喝茶等，而比形式更重要的是你与什么人聚会。

因此，社交的意义在于让自己获得更多潜在财富，然而，如果你与那些不可交的人走得越近，就会离社交的目标越来越远，增加风险。因为无论何种形式的社交，都需要花费时间，靠近那些不可交的人，只会浪费你的时间，无形中增加你的社交成本。

王华是某公司的业务员,今天早上他又迟到了。昨晚参加了一个聚会,结束时已经凌晨两点多,他好几次说了提前离席的想法,都被圈子里的朋友拦住,非要等到结束以后才放他走。王华很不情愿,因为每次同他们聚会都要弄到很晚,却又碍于面子不好提出来。

结果,到了上班的时候,王华的精神状态很差,直到老总把他叫去办公室,他才精神一震。王华看到老总脸色很差,预想到自己可能做错了什么事情,果然听到老总说:“让你跟进的客户,今天刚刚被A公司抢走了。”王华觉得不可思议,自己一直对这个客户很上心,怎么出现这样的结果呢?

几天后,当他亲眼目睹朋友李帆与A客户会面交谈的时候才恍然大悟,这个客户是被自己的“朋友”抢走了。

可见,穷小子的普通社交也是存在风险的,如果你身边存在很多不可交的人,就应当现在离开他们,把时间和资金花在有意义的社交上。

另外,每个人的愿景与人生轨迹不同,当发现社交圈子里的某个人不断向你灌输消极想法的时候,你就要考虑是否远离他,因为他无法带给你正能量,同时会影响你看待事物的眼光。

想要尽可能规避社交风险,你首先要了解哪些人是不可交的:

第一,素质低下,会给你带来损失的人。你的身边一定不乏品德不佳的人,他们会因为一己私欲而影响你的工作、生活。例如,如果有人先想办法靠近你,再想办法骗取你的钱财,这种人势必会给你带来直接损失,一旦发现他有此类行为的倾向就得立刻远离他。

还有些人心胸狭隘,见不得你比他好,所以用破坏声誉的方式干扰你的生活,这对你的影响也是巨大的,很可能会毁掉你多年的努力,一定要对这类人有所警惕。

在你的人脉网中,不少人与你在工作上有直接合作的关系,有合作,必然会牵涉到竞争，在无法保证他们一定会同你公平竞争的前提下，你也要考虑这方面的社交风险，对方很可能利用不正当手段抢走你手上的“资源”。比如，你设计了一套有效的工作方案，却被其他人窃取了，导致你受到领导的责备，甚至会产生更严重的后果，这也是社交风险之一。因此，在同他们的社交过程中，你需要懂得有一定的保留。

第二，情绪低落，负能量占思想主导的人。面对日益增加的生活成本和竞争压力，你身边肯定存在“悲观主义者”，他们总是觉得眼前的生活没有希望，所以整天唉声叹气。如果你是一个没学历、没背景、没姿色、没丰富工作经验的“草根”，便只有靠自己奋斗获得成功，而一旦你结交负能量占主导的人，就很容易被他们影响，你好不容易积累起来的正能量很可能会消失殆尽，把“奋斗”二字抛在脑后。

第三，缺乏逻辑思维，做事不讲章法的人。如果你没有一个靠得住的爹，就只有靠自己。人在不断学习和工作的过程中，会形成自己的思考方式，同时提升逻辑思维能力，这些都有助于你更高效地处理工作中的问题，因此优秀的工作和思考能力是提高生活质量的重要途径。想要在这方面得到充分的提升，你必须同比自己更优秀的人多交流，学会他们的思考模式，避免接近缺乏逻辑思维和做事不讲章法的人，他们只会让你的思维停滞不前。

“不可交之人”总是会不经意地出现，如果你没有随时保持警惕、辨别其特征，就有可能深陷其中。另外，你也需要关注自己，从而远离这些危险。什么样的人更容易遇到不可交之人呢？

第一类，过于单纯、豪爽的人。如果你太容易相信他人，就有可能被社交风险中伤。例如，同事找你借钱投资，承诺有高额回报，你没有多加考虑，马上把钱借给他，这里显然存在风险的。你无法保证对方按时将钱还给你，这就有可能增加你的财务负担。

想法单纯的人只会看到事物光鲜的一面，这种单一的思维模式会让你常常被社交风险“牵绊”。如果你过于豪爽，却遇到了小肚鸡肠的人，你肯定要吃亏。

第二类，喜欢逃避问题的人。既然社交存在风险，你就要认真考虑规避风险的事情，如果你是一个喜欢逃避的人，只愿意看到事物的美好面，那么就很难摆脱社交风险带来的伤害。其实，即使在社交层面上，逃避问题也只能得到一时的心理安慰，无法真正解决问题。当你身边埋下越来越多"隐患"的时候，损失就会相应增加。例如，你正在与朋友聊天，没有多考虑对方的为人和性格，而是直爽地把自己的心里话全说出来了，这有可能成为对方日后"攻击"你的武器。

第三类，粗心大意的人。对于他人的语言和行为，你可能没有放在心上，不会通过这些表象探究他们到底在想什么，有哪些企图等，长此以往，你的社交风险就会增加。对方到底是否可交，要先通过他平日的举止看出他的为人和性格和社交习惯。例如，他总是想要大家听他说话，或是必须按照他的意思做，这种人可能非常自我，在交往的过程中你就应当注意保护自己。

一旦发现他人性格中的缺点，你就要筑起第一道防线来保护自己，但是，这并不代表素质高的人就一定能因此成为你人脉网的重要部分。对那些风险较低的朋友，你还得通过日常交往，去关注他们的内心，在其中寻找能促成你进步的人，多与这些人交流，你的思维会越来越活跃，能力也会越来越高。

当然，社交脉络是"草根"获得成功的助推器，如果你没有风险规避的意识，社交就会使你的现状"雪上加霜"。即使你具备了充分规避的意识，也应该在具体的行动上做到自我保护：

第一，注意观察他人的行为细节。人的性格特征会从言行举止中表现出来，如果你善于观察，就能分析出他人的内心想法。例如，某个人在与你交谈的时候总喜欢"套话"，此时你要注意了，他可能有不好的意图。这种窃取他人信息的行为会给你带来损失，了解了对方的为人，再考虑是否要接近他。

第二，适当保留你的自我观点。在与人交往的时候，不要将想法全部说出来，以免对方利用它们伤害你。例如，某位同事问你："你觉得领导的为人怎么样？"如果你把心中想法全部说出来，日后他可能就会将你的话传入领导的耳中，这对你非常不利，甚至有可能毁掉你的前程。

第三，不要过多和他人分享重要信息。虽说信息共享能够让每个人受益，但在社交中，你无法真正保证自己可以获得好处，还有可能让他人在了解了你的信息后捷足先登。一般来说，你可以先看看他人将什么信息拿出来与你分享，还要分析对方信息的重要性和可靠性，再考虑说出自己的信息。值得一提的是，与自身利益有密切关系的信息最好不要拿出来，因为这些是你保住自己的底牌。

第四，少透露自身情况，尤其是经济状况。与他人交往的过程中不要将自己的情况和盘托出，他人将你的情况了解得越清楚，你的社交风险就越大。如果朋友们都非常了解你的家庭情况、住址情况、车辆情况，等等，那么，这样的消息不断传播之后，万一有动坏心思的人，你与家人的财产和人身安全就无法得到完全保障。

避免财产损失的办法就是少向他人透露你的经济情况，当别人问起的时候，你可以简单地一带而过，或者转移话题，婉转地表示拒绝回答。

当然，人必定是群体生活的，你的身边会出现各种各样的人，其中也不可能个个都是正人君子，当你觉得他们不适宜交往的时候，不要表现得过于明显，这样容易使双方产生隔阂，导致你与他人的关系僵化。与之相反，你可以淡淡地与他们交往，谈话也不要涉及重要信息，更不要将他们纳入你的人脉网中。总的来说，对于这一类人，你不要过于用心，也不应表现得刻意回避。

人是不断变化的，"不可交之人"也在改变，你不妨通过观察他们的变化，找出对方性格中的闪光点。有时候，这种变化也能起到励志的作用，当你用动态的眼光看待他们的时候，你的社交经验也在不断增加。

社交是生活中的重要部分,良好的社交能够让穷小子获得更多信息。这些信息可以促进你的发展,但是要注意社交中存在的风险,正确规避这些风险,你才能真正从社交中获益。

4. 名誉风险：及时远离是非工作

名誉，在穷小子职场和创业之旅中，是不容忽视的概念和因素。然而，正因为名誉本身存在着不可量化和抽象化的特点，又使得人们往往并没有办法时时在意其存在。实际上，名誉意味着你一路走来——无论取得怎样的结果——所留下的名声和形象。

一个人在职场上的名誉可以千差万别：既可以是充满正能量的积极形象，也可能拥有令人反感的负面形象。而一切关于这些形象的评论和传闻，将直接影响其总体名誉。或许职场名誉并不能直接带给穷小子怎样的收入和地位，然而，在某些方面，这种无形资产所发挥的作用是不容小觑的。

名誉如何，意味着个人品牌是否能够充分建立。这样的品牌，从信用的担保力，到意见的说服力，无不牵涉到人们对一个人的主观评价，而这种主观评价，虽然不可能完全做到科学公正，但其结果总是同这个人的品牌息息相关。也就是说，围绕在你身边有怎样的传闻和说法，有怎样的态度和看法，都有可能改变你的信用。

当穷小子走向创业之旅时，这种联系还将更加明显地体现在其团队形象和产品形象上。即使在今天的商界，人们还是不会无视团队领导个人因素对于整个团队的重要分量，人们总是习惯用领导的个人品牌来权衡团队，并由此联想到他们的产品质量。因此，我们很难看到，一个声名狼藉的人经营着一个兴旺发达、深受市场好评的企业；相反，人们认同的普遍规律是，只有爱惜自己名誉、积极建立良好职场形象的人，才有可能一步步稳扎稳打从草根成为老板。

实际上，这并不奇怪，"光晕效应"决定，当人们对一个人产生良好印象的同时，也很容易对他领导的团队、经营的产品或者提供的服务给出较好的评价。必须承认的是，社会中绝大部分人会看重身边人的评价，并用之作为参考。

名誉如此重要，但很多时候，职场草根却没有意识到这一点，甚至在不知不觉中因为过于投入工作，而丢失了这一宝贵的资源。

小K大学毕业后，进入某公司人力资源部工作。由于表现积极，工作努力，因此很快成为了该部门的经理助理。受到这样的认可和鼓励，让小K更加认真地投身入部门工作——毕竟，作为一名从乡下走出来的孩子，他在城市既没有背景，也没有资产，唯一的资本就是靠自己的打拼。

第二年，由于公司需要对经营方向加以调整，不得不考虑取消相关的部门，并进行新的人事招聘。这样，问题摆在了人事部面前，十几名在公司服务的老员工必须面对走人的结局，而这种事情，在公司内部向来都是相当棘手的。

当经理面色凝重地同小K商量怎样解决这个问题时，没想到，小K却主动请缨，由自己来完成这项相当棘手的工作。由于他态度肯定，信心十足，经理便同意了他的请求。

小K开始连续请人谈话，告诉老同事们这个坏消息。不少同事表现出了吃惊和愤怒，认为公司这样做实在太没有情面。但小K以坚决的态度列举他们必须要走的事实原因，并根本不同意将他们的反馈上报到经理那儿。

最终，十几名员工在小K的强势运作下终于一个个同意了离职的条件，由于小K表现得相当积极，不少人开始传言，在这次集体辞退的决策过程中，小K必定起了不小的作用。虽然没人能说清楚小K究竟做了怎样的实际参与工作，但剩下来的同事们看小K的眼神似乎同以前不一样了。相反，小K的经理却对他相当“欣赏”，并打算以后凡是惩戒和辞退员工的事情，都交给小K去完成。

在被委以重任的欣喜感中，小K盲目地感觉自己的职场之路似乎越走越宽。殊不知，在他的背后，有着整个公司同事不满的眼神。

可想而知，虽然小K在整个工作中没有违背自己的职业道德，但是，他的名誉还是在无形中受到了损害。其实，在职场或创业过程中，有不少相似的工作，都可能影响到穷小子未来大可利用的个人名誉和声望。而这些工作本身提供给你的利益，又不足以对名誉上的损失提供充分的补偿。

一些利益取向模糊的工作行为，往往有可能导致领导或者客户对职场新人另眼相看。比如，为客户付出额外的工作，为其他部门提供额外的支持，为老板或上级提供本和自己无关的私人帮助，等等。这些行为或许出发点是好的，对方的感受也是好的，但由于你没有注意保密，甚至唯恐天下人不知地进行过分张扬，结果，很可能遭致周围的物议，诸如“这小子大概从客户那里拿到好处”、“种别人的田，荒自己的地”、“就知道巴结老板”，等等。而这样的议论，由于有了“事实”的佐证，往往发酵得更加充分和快速，并对你的名誉产生破坏性作用。

又如，带给他人负面情绪的工作行为，往往也会造成同上述情况类似的结果。正如西方谚语所言，“报告坏消息者最令人讨厌”，如果职场新人不谙其中规律，总是糊里糊涂地在坏消息来临时，被其他人推到第一线，去充当那个不幸的报告者，很可能最终让被告知者感到由衷的反感，并影响你的名誉。比如,告诉上级工作将由于客观困难而延缓,告诉同事原本约定好的部门支援无法提供,或者告诉他人关系到其薪资、工作职位或者工作量的负面消息,等等,这些决定原本是整个团队做出,或者干脆就是穷小子们的上级做出,可却总是由穷小子去执行,经常让对方怀疑你在其中的参与立场和实际影响,导致个人名誉的受损。

无论具体情况如何,名誉的受损总会给职场新人带来如下的影响:

首先,在上级、同事或者客户那里评价降低。当他人记住的总是你带来的负面消息,或者记住的总是有关你的负面评价时,你即使能力再强大、工作业绩再突出,也往往难以得到进一步上升和开拓的空间——即使是欣赏你的领导,也不愿意看见名声不好的人在统领他的下属。

其次,由于他人对你的评价降低,加上个人在名誉下降后对环境看法的感知,穷小子对自己的评价度也会相应降低。可能导致你原本的自信不复存在,取而代之的是对自己的怀疑、对行动的迟疑观望,以及对他人的反感,甚至让职场新人就此破罐破摔,同整个团队产生对立感。

穷小子奋斗和努力的目的,是在职场中杀出一片属于自己的天地,最后能够拥有自己的事业。因此,当然不能坐视名誉风险带给自己的长远负面影响。积极运用下面的应对方法,他们将可以远离名誉受损的风险,同时也能够很好地完成上级交代给自己的任务。

第一,在做可能造成名誉风险的工作时,懂得做好自我保护的预防措施。

用"险恶"一词来描写职场,大概过于极端,但职场并不是什么纯净的人间乐园,这也是人人都承认的不争事实。因此,没有背景、没有资产的草根,如果想要在职场中获取成功,第一步就是能在道义和舆论的层面上存活下去,而不是被淹死在同事的口水中。当你不得不面对一些可能造成名誉风险的工作,如采购招标、同客户之间利益往来、同上级之间的私人往来时,除了把握好自己的立场,还应该懂得做好自我保护的预防措施。比如,凡是牵涉财务的,应该牢记基本的财务原则;凡是牵涉深层次交易的,应该尽量记得和同事或上级共同以团队名义出现;另外,相关的票据、账目和文件，必须要有相关的部门领导或同事的“背书”备案，以避免出现让自己陷入嫌疑的尴尬境地。

第二，穷小子应该懂得，适当拒绝担任炮灰，是远离名誉风险的关键步骤。

另一种情况，是穷小子由于不分场合和环境地投入工作角色，或者纯粹是因为自身带着的学生气而天真地看待名誉风险，结果无意中成为了他人行动之后的炮灰，执行最终既得罪人又缺乏明显价值和意义的工作。

在这种情况中，懂得怎样拒绝担任炮灰，是穷小子远离名誉风险的关键步骤。比如，适当的拖延、请求以团队的名义去执行，或者干脆用更重要的工作来作为理由推脱，都是不错的候选步骤。当然，有些"炮灰"工作，又是穷小子们不得不完成的义务范畴。在面对这些工作时，不妨采取追加的方法，有步骤地去实现对风险的化解。例如，在完成自己应有的工作之后，及时作出对个人利益的弥补，或者作出对利益格局的平衡之举，确保人们不会因为工作而对你个人产生负面看法等等，都是应有的追加方法。

第三，万一出现了因为迫不得已的原因，伤害了他人的利益和情绪，穷小子必须要学会积极沟通，化解对自己的不利影响。

可以肯定的是，如果小K能够和离职的同事做好事前事后的沟通和交流，进行平缓或者转移他们的怨恨情绪，降低他们对自己可能出现的负面评价，或许小K不仅在这件工作中没有任何损失，反而能得到上下级的共同理解和欣赏。因此，穷小子必须要清楚，即使由于自身的义务和职责，不得不去做那些伤害他人利益和情绪的工作，也并不代表你拥有了合法的伤害权利。因为这种行为带来的结果，是对你名誉的无形打击，并造成今后所有其他人对你的打击也会成为一种“合理行为”。

采取私下聊天、邮件来往、电话沟通、私人聚会等形式，能让你和那些可能影响你名誉的同事之间消除误会，改变看法。最重要的是，这样的姿态，能够让其他旁观者发现，你并非传言中的那种负面形象，因此对于改变你的职场未来走向有着深远的意义。

当然，名誉风险并非职场工作中草根会碰见的唯一风险，过分爱惜自己的羽毛，有时候也会让你错失良机，甚至丢掉上级的信任和支持。在某些情况下，你必须要学会权衡轻重，以自身最需要和最关键的核心利益作为衡量标准。

总之，名誉风险，是不少人在职业和事业发展中的一个瓶颈，这样的瓶颈往往在起初并不会表现得相当充分，而是随着你的上升过程逐渐体现，并成为难以克服的障碍。只有从一开始就加以防范和化解，职场穷小子们才能保证不会栽倒在这样的风险下。

5．健康风险：安排好工作和休息

健康，是指个体在身体、精神和社会等方面的良好状态。在传统意识中，健康意味“无病”的状态，然而，现代人的健康更应该是身心健康。在1989年世界卫生组织提出的健康定义中，不仅包含躯体没有疾病，同时还要具备心理健康、社会适应能力良好和有道德。对于职场中正在打拼的草根阶层来说，健康是不能不予以充分重视的财富和素质。

健康对于草根意味着什么？实际上，有人用巧妙的比喻印证了健康的意义：

如果说人生是一组数字，那么，健康就是最高位上的“1”，而最高位之后的那些“0”则分别是荣誉、成就、家庭成员、财富、友情，等等。如果只有“1”没有后面的那些“0”，那么你的生命将过于单薄，而如果没有“1”只有“0”，那么，一切都失去了意义。

对职场人士来说，健康具有相当重要的意义，不仅仅带来了身体上的自由和舒适，也保障着每个人能够用强健的体格、良好的情绪和正确的行为模式来踏上通往成功的道路。拥有健康,你才有过人的精力去参加各种激烈的竞争,并能充分发挥自身的潜力,提高工作效率。如果没有健康,不仅无法继续正常工作,还会导致原本并不应有的医疗消费。因此,忽视健康,不仅是忽视了自己的快乐之源,也无形中放弃了财富积累、家庭组织的基础。

2012年7月18日,一名年仅24岁的淘宝卖家在睡梦中猝死。这个消息引起了年轻创业阶层的热议。

这位淘宝卖家是女性,去世前在网上经营着一家小店。因为忙于进货和上架管理,因此经常通宵熬夜,最终在睡梦中猝然离开人世。尤其令人惋惜的是,她原本打算在当年10月和自己已订婚的男友步入幸福的婚姻殿堂,结果却最终撒手人寰。

在她去世以后,男友非常难过,他不断发出缅怀的帖子,表示内心的悲痛,但毕竟已无法挽回这位卖家的生命。她生前辛辛苦苦为之奋斗的网店,所有产品已经下架或者转移,用来留言的头像则永远呈现灰色的离线状态。

那么,这位拼搏在草根商界的女性奋斗者,究竟面对着什么样的压力呢?

她的朋友们说,作为淘宝网店的女店主,她经常需要面对巨大的竞争压力,因此,经常采用连续熬夜的工作方式。从她的微博信息中就可以一窥端倪,比如"为什么1天只能有24个小时,我想做能充电的机器人"、"今天全身酸疼"、"请大家爱惜颈椎",等等。

而同时,她还有着自己的生活追求——由于需要经常为网店的产品做模特,她一直减肥而忽略了营养的摄入。另外,由于很快就要结婚,爱面子、懂生活的她又把很多时间和精力花费在新房装修上。结果,因为连续熬夜,一直不注重身体健康的她终于倒下……

对于正在职场或者生意场上奋斗的草根阶层，这样的教训是惨痛的，也是需要牢牢记住的。由于对梦想的追逐是一种共性，必然出现不同的竞争者，这就要求参与者能够有较高的行动速度和相当的付出，再加上现代生活和工作节奏原本就在不断加快，年轻人承受的压力也因此不断增加。这种增加既来自于现实生活中买房、买车、供养父母和培育下一代的经济需要，同时也来自内心渴望得到认可、实现自我价值的心理需要，因此，不少年轻人都采用连续加班、熬夜工作、吃快餐填肚子的方式度过紧张的一天又一天。殊不知，这种高压状态下的工作和生活，虽然能够带来暂时的业绩和成就感，甚至可以用工作的快乐来弥补疲惫，但从长远来看，这样的选择必然会造成精力透支，久而久之就会带来对身体的伤害，最后导致无法弥补的损失。退一步说，即使没造成严重的影响，也很可能使创业者们处于不同程度的亚健康状态，导致他们无法继续自己的创业之旅。

近年来，关于亚健康的概念，已经逐渐被人们所重视。所谓亚健康，实际上是指人的身心处于健康和疾病中间的边缘灰色状态，这种状态如果得到处理调整，就能向健康状态积极转化，否则，很可能迅速向疾病发展。在职场中拼搏的草根族们，固然有相当一部分人的确没有罹患疾病，但那并不代表他们就不处于亚健康状态。那么，哪些表现属于创业草根应该积极加以回避的亚健康状态呢？

一般来说，穷小子们的亚健康状态分为以下种类：

首先是躯体上的亚健康状态，主要表现为总是感觉身体疲劳乏力、头疼头晕、失眠多梦、缺乏神采，腰酸背痛，等等。

其次是心理上的亚健康状态，比如，经常感到莫名其妙的焦虑、烦躁、发怒、嫉妒、反应迟钝、睡眠状况不佳，等等。

再次是情感上的亚健康状态，通常表现为不愿沟通、缺乏情感触动、自卑或者自傲、无端猜疑，等等。不少有较大压力的草根创业者，常常从这样的亚健康状态中进一步恶化，产生了被社会遗弃和忘却的错误感觉。

相比前面三者,更加严重的是思想亚健康和行为亚健康。其中,前者是指职场中的草根族不复具有正确的世界观、人生观和价值观,比如,“一切只看结果不择手段”的想法或者“只要有钱什么都可以买到”的偏见,等等,其实都相当不利于自身的发展。而行为上的亚健康,则更多表现为工作行为或生活行为失控、无序或不当,等等。

如果带着这些亚健康的状态去工作,我们很难想象草根族在原本就资金匮乏、人脉不够而市场需要拓展的情况下,还能够轻轻松松完成自己的业绩目标或者发展计划。这就不难解释,他们往往会误认为自己还需要投入更多的时间和精力来工作,并加大自我赋予的压力,而盲目的加压则会导致更严重的情况产生。

数据表明,近年来,以往并不多见于年轻人的疾病,正在以较快速度出现于职场草根群体中,比如脂肪肝、胃溃疡、高血压、心脏病,等等。而究其原因无非是以下不良习惯:

首先是熬夜。不仅仅是淘宝业主,还有行政文员、策划行业、技术行业、IT 行业、媒体行业的草根,都会经常面对需要熬夜加班完成工作的情况。一次针对40名左右25至40岁职场人士的调查结果显示,有将近七成人表示,他们因为工作而经常熬夜,每晚在11点之前睡觉的人很少。但是,他们并不了解的是,熬夜会打乱人体自有的生物钟,并对整个人的生理机能造成不良影响,导致身体正常的节律发生紊乱,从而损害他们的视力、脑力、皮肤、肠胃等,甚至会患上心脑血管疾病。另外,熬夜还会带来一些直接的健康风险,比如,熬夜过后,工作者的身体更加虚弱,有可能造成感冒等问题,严重的还可能引发肺炎等更严重的疾病。

其次是不健康的饮食,比如错误的饮食习惯。早餐随便糊弄或者根本不吃,午餐用垃圾食品或者快餐垫肚子,晚餐则大鱼大肉地吃,等等,类似这种不平衡的饮食摄入比例,会造成肠胃消化功能的失衡,并最终导致亚健康状态或者疾病的出现。

再次是狂欢式休息和拼命式工作。比如,当职场草根们完成一份订单，或者拿下一个大项目时，即使身心劳累，但为了缓解压力，仍然去选择狂欢式休息——从包下整夜的KTV，到一连喝下十几瓶啤酒，等等。当工作压力变大时，又会拼命地加班。长此以往，整个人的身心状态始终像一根橡皮筋的两极，不是处在拉到将要崩裂的程度，就是萎靡不振，缩成一团。可想而知，这样的橡皮筋出现问题甚至断裂的可能性相当高。

穷小子必须要充分意识到上述问题的严重性，采取积极主动的应对方法，避免因为健康问题而崩溃的情况发生。

有效化解健康风险，首先要从养成良好的生活习惯做起。

首先，无论工作如何紧张忙碌，尽量给自己留出必要的休息时间，其中，每天睡眠时间一定要保证在6—7个小时或以上。睡眠深、入睡快、较少做梦者，可以选择6小时，反之则应该保证睡眠时间在8个小时左右。另外，定时定量的一日三餐搭配合理的营养也相当重要，职场草根们完全可以从网络上下载一份健康营养餐谱，或者起码了解自己每天所摄取食物的基本营养值，从而确保能够及时调整和补充。

其次，还要注意积极的自我约束。

现代社会诱惑太多，无论是娱乐方式、消费热点还是职场，每一项似乎都能吸引穷小子们全身心投入。如果每一项都不愿意放弃，那么，迟早将会因为背上太多的包袱而累垮。不妨给自己做一张最基本的时间和任务表，把自己最重要的长期关注的项目列在上面，同时标明每天的时间划分。这样，可以保证自己逐渐拥有良好和充分的自我约束力。

最后，需要有健康的娱乐活动和休息方式。

健康的娱乐和休息，不仅可以起到排解工作压力的作用，同时还能给职场草根们带来良好健康的身心状态。比如，双休日清晨不要选择睡懒觉，而是起来去公园跑步锻炼，适当开展钓鱼、登山、短途旅游、健身等活动，或者进行其他陶冶情操、远离电子产品的活动，如种植花草、饲养宠物，等等，都能够帮助远离工作压力，找回人生乐趣，享受健康快乐的生活。

最后，还需要积极进行身体体检。

有资料显示，不少年轻人无法做到每年体检，甚至有些人很少体检。事实上，定期体检是保障身体健康的好办法。据医学专家介绍，在目前的医学条件下，有将近80%—90%的疾病可以通过体检发现。体检即使不能发现严重的器质性病变，也能从一些具体生理指标上的变化发现危险信号，起到提醒作用。

健康是草根最大的资本，但这种资本并非取之不尽用之不竭，而是一种动态变化的资源。对于初涉职场或创业的你而言，必须从一开始就意识到这种资源的珍贵。只有养成良好的生活习惯和作息规律，才能避免健康风险，为你的创业做出应有的贡献。

6. 穷忙风险："阿Q真能做"害死穷小子

不知道穷小子们是否注意过下面的对话：

——嗨，最近在忙什么？

——忙项目呢！有空联系啊！

这种回答，潜台词是"我正在给公司创造利润"或者"我正在积极进取中"。

——嗨，最近在忙什么？

——没什么啊，穷忙而已啦！

这种回答，十有八九意味着"不受重用啊，只能打打杂"。

注意到了吗？在这里，"忙"和"穷忙"，对于职场中人来说，似乎有着迥然不同的潜台词。事实上，对于职场穷小子来说，穷忙，更是不得不提防的风险。

事实上，职场中的不少草根一族，都多多少少没有避开这样的风险。他们或者在杂乱的平庸工作中无法脱身，日复一日地不断陷进去；或者在不断地重复刻板单调的工作，无法得到自我的提升和锻炼。对于他们来说，这些所谓的“穷忙”，正在攫取自己本已不多的时间和精力，而无法拥有真正“忙”的状态，才是他们最大的隐忧。因为职场中的时间过得实在太快了，如果在关键时期没有“忙”起来，那么，损失很可能是之后无论怎样都难以弥补的。

想要避免穷忙风险，你首先要弄清楚忙和穷忙的区别。

虽然从表面上看起来，忙和穷忙相当接近。工作者都是在为各自不同的事情不断付出时间和精力，从东奔西走到准备材料，从各种联系到不断拜访……但如果分析其本质，我们又可以发现，忙和穷忙有天壤之别。如果用一句话来形容，那么，忙就是一个不断创造价值、充满意义同时又能够证明你个人能力的过程；而穷忙，很显然，与前者相比，创造的价值很少，体现的意义很小，展现你个人能力的机会也很少。两相比较，相信任何人都能发现忙和穷忙的区别所在。

当然，也有人会对此表示反对。在他们刚刚踏入职场时，几乎所有人都告诉他们：不要眼高手低；不要挑三拣四；你今天工作不努力，明天就会努力找工作；只有干好眼前的事情，才能有美好的将来；一室不扫，何以扫天下……

如果这样看来，有什么必要将工作分为价值大的和价值小的呢？这些不都是需要完成的嘛？又哪来忙和穷忙一说？

事实的确如此，但事实又不完全如此。对于刚刚进入职场的你来说，首先你没有资格躲避开那些“穷忙”，因为你的个人形象还没有充分塑造，个人能力还没有彰显，甚至连基本的那种同事之间的信任感都还没有建立。如果你这时候就期盼自己可以做创造力强、意义大、价值高的工作，往往是空中楼阁，不切实际，还有可能因此破坏自己的职场走向。

另外，对于刚进入职场的穷小子来说，缺乏的不仅仅是金钱和人脉，同时也缺少实际的工作经验积累。即使是穷忙，带来的收益，也足以开阔他此时的视野，提高他的见识水平，并帮助他更好地认识工作的本质特点。因此，从积累经验这方面来说，也很有必要积极应对好“穷忙”工作。

但是一切的“穷忙”都应是有目的的，而对目的的忘记，常常导致职场草根永远是草根，穷小子永远是穷小子。

当职场草根度过了最初的实习和适应阶段，开始正式进入工作角色时，如果依然还是只满足于扮演穷忙的角色，就常常会造成对自我发展的巨大阻碍。你将因此而丢失新的目标，无法寻找到真正应该奔向的方向，最终导致自己如同拉磨的驴一样，一直在原地转圈下去。同样，更加残酷的事实是，在竞争激烈的职场中，如果你自己不伸出手，不去积极改变，那么，很可能周围的同事，甚至是上级也乐于看你继续扮演穷忙的角色。因为，现实的职场毕竟不美好，铺路石子的角色，总得有人在团队中扮演下去，并为之而付出自己在发展上的代价。

在很多团队中都不乏有这样的成员：他们进入团队较早，但无论是职位或者业绩都并不突出；他们往往看起来有较多的工作经历，但实际上又缺乏独当一面的工作经验和能力；他们似乎有不少人脉可供运作，甚至创立自己的事业，但真的运用时又发现似乎总是缺了一种组织力量。实际上，一切的问题都并非来自他们对工作的轻视和懒惰，而很可能是他们缺乏正确的发力点去摆脱穷忙的状态。

曾经在外贸公司工作的Lucas，就经历过“穷忙”的危险。在度过了实习期和适应期之后，他本来以为能有更多的时间来接触实际业务和提升自己，没想到，在一次会议中，老板分配任务时，他的前辈A君主动说：“让Lucas来配合我吧，正好他经验也不是很多，我可以教教他。”老板自然同意了。

没想到，会议结束后，在老板面前一脸热心而友善的A君，马上将一大叠包括邮件和表格的文件全部放到了Lucas面前，并说：“你把这些内容都翻译出来给我，然后整理好数据交给我。如果你做不完，就加班做完吧。”

Lucas没想什么就答应了，而且的确完成得很不错——虽然这些翻译工作完全应该是由A君完成的。

很快，办公室的其他人也发现了Lucas是很不错的"资源"。B君"热心"地教会他使用传真机，然后每次都高声喊道："Lucas，帮我发一份传真"或者"Lucas，有没有发给我的传真"。而C君则更加厉害，他让Lucas把目前所有的社会关系告诉他，然后由C君在里面挑选潜在客户，如果不方便出面，就还是由Lucas来出面邀请。

结果，从来没有研究过自己工作状态的Lucas，成天看起来忙得团团转，而实际完成的都是这些前辈同事们做剩下来的工作，没有一项工作是真正属于他自己名下的，甚至为了完成这些工作，连晚饭也不能正常吃。他成了出了名的"加班达人"。但令人意外的是，这样的工作状态持续了一年，Lucas因为工作缺乏业绩和效率，成为公司裁员表上的第一人。

到这时，Lucas才明白，自己原来一直都没有忙到点上，只是在"穷忙"而已。

Lucas终于发现，工作中，并不完全像励志导师们说的那样，只要有好的态度，就能得到好的结果。这是因为在现实的职场中，由于组织结构、管理模式和企业文化等原因，总会有一些可有可无、却不得不做的事情，这些事情的完成会让工作者显得很忙碌，但却提升不了他的工作价值。总是纠结于完成这些没有价值的工作，会占用职场草根本来就很珍贵的成长时间，影响其职业形象——即使他们会因为完成这些杂务而得到他人一定程度的好感、承认和赞扬，但实际上，却并没有从更高层面得到认可。

一个相当有内涵的职场故事印证了Lucas的这种认识。

某天，公司的抽水马桶突然坏了，整个公司十几号人都被如厕的麻烦弄得苦不堪言。结果，小李自告奋勇，说以前学过怎样修抽水马桶，然后挽起袖子，花了足足四十分钟修好了马桶。大家齐声喝彩，说小李真是能干，还有人拍着小李的肩膀说："你给公司做了贡献啊。"小李心里当然美滋滋的。

没想到，第二周，公司的抽水马桶再次宣告出现故障，小李此时正在外面准备拜访客户，求救的电话一个接一个向他打来。不得已，小李只好放弃拜访，折返公司修马桶。

好了一个月之后，抽水马桶又出现了问题。这一次，小李正忙着起草一份项目策划书，实在没时间修马桶。于是，在几位老同事的抱怨眼光中，小李干到了下班，然后抽出陪女朋友的时间，加班抢修抽水马桶……

后来，这家公司养成了一个习惯，每当抽水马桶出现问题时，人们第一想到的不是维修工人的电话，而是小李。渐渐地，小李在同事和老板眼中，成为了"修马桶"的那个人。

很显然，对于一家公司来说，像修抽水马桶这样的事情，的确不可忽略，但它究竟是不是小李应尽的义务呢？公司雇佣小李，真的是请他来修马桶吗？答案当然是否定的。这样的事情，由后勤部门负责；如果修不了，还可以向外界求助，而小李不仅没有规避开这种"穷忙"的风险，反而主动承担这份责任，结果陷入尴尬的境地——推却，那就是不热爱公司；接受，明明自己忙得不可开交……

虽然这样的案例并不具有代表性，但实际上，工作中的某些事情有相同的特点。比如，每个月的常规性报告、跑腿送东西、复印、打字、纯粹的技术支持（修电脑、发送邮件、传真、整理文档），等等，总会成为规律性的"穷忙"任务，导致你花费时间却得不到回报。更大的可能性是，虽然你明明知道这样的事实，也产生过厌烦情绪，但却依然选择不折不扣地完成这些所谓的工作——原因恰恰在于你根本没有想过应对方法。

由于认定这些所谓杂事是工作中难以避免的，不少职场草根总是会采取逆来顺受的态度。结果，最终形成了“穷忙”的习惯。实际上，如果有良好的应对方法，穷小子们真的不需要总是穷忙不已。

哪些方法是良好的应对之策呢?

首先，学会拒绝的方法。

职场中，善于说“不”其实是一项关乎生存的本领。如果你发现自己正在被各种各样的“穷忙”压得喘不过气来，因此而劳累不堪，还难以得到自我提升和发展的时间，甚至还因此减少了本应提升的工作报酬，那么，你一定要学会及时拒绝。

学会拒绝，首先需要你积极战胜自我。虽然在拒绝他人后，你或多或少会感到对他人造成伤害冒犯，并因此而产生内疚，但实际上，这样做的本身传达出以下明确的信息：你并不是闲得无事可做，你珍惜自己工作的时间，同时你拥有选择的权力。而且，你也并非不尊重这些希望你从事杂务的人，之所以拒绝，只是因为你对本职工作负责。

想做到这点，你可以采用下面的方法：比如，首先表示同意，但紧接着强调困难，比如“没问题，我完全能做，不过，我现在手头正好有某某、某某(这些人最好是领导)交给我的事情，能不能过一段时间我再来做”或者“当然可以，不过，我觉得你还可以先联系下XX、XX(你的同级别同事)，然后我和他们研究一下是不是一起能做得更好”。这样，职场草根并没有真的说出拒绝的话，而是巧妙地给出了侧面的回复。

另外，职场草根还可以采用拖延的方法来表示自己的实际意图。比如，你可以不点头或者摇头，而是请对方迟点来。比如：“现在的工作的确太满了，要不您明天来找我？”如果这件事情真的非你不可(也就是你将体现自己的价值)，那么，对方很可能会将这件事情记在自己的备忘录上。而更多的情况是，他们会立即去寻找另一位倒霉的草根员工帮助他们解决麻烦。

不管采用什么样的方法拒绝那些“穷忙”事项，你都应该注意表达方式——礼貌而坚决地拒绝。不少职场草根曾经试图拒绝他人，但发现总是失败，实际上这源自他们表达上的动摇。因此，在你拒绝时，你必须表现得相当肯定，同时不失礼貌，比如："不，我真的是无能为力。"

当然，仅仅学会有礼有节地拒绝还不够，在不得不面对属于自己的穷忙工作时，你应该发挥自己的能力，尽量利用其中的步骤和方法，从中找到真正能发挥自身价值的机会。另外，由于穷小子们一般职场经验都有所欠缺，因此，完全靠自己的判断，其实并不适用。正确的方法应该是请教相处较好的前辈，或者干脆询问家人、朋友和同学这些与你所在企业并无直接利益关系的人，从中吸取经验，防止因为对穷忙的片面认识而给他人留下不良印象。

总之，"穷忙"风险始终存在于职场中，尤其可能出现于职场草根的起步途中，有效地控制和规避这样的风险，将精力和时间用在最重要的地方，对于穷小子来说是相当重要而且有益的。

第七章

为独立而进行自我锻炼:创业不是贸然的

从为别人打工,到独立经营,创业必须一步一个脚印地坚持走下去。

在独立之前,穷小子需要在现有的平台上更多地锻炼,夯实自己发展的基础,获得前进道路上更多的支点。当然,这样的锻炼应该目的充分、准备得当,当锻炼过程从量变积累到质变时,最适合穷小子的创业时间点就会到来。

1. 借鸡生蛋,在业务平台上自我充电

穷小子大都有自己的抱负,渴望能够在事业上取得辉煌成就,而在现实中,直接创业成功的草根毕竟是少数。

据有关调查资料显示,在每年新创办企业中,至少会有一半的企业在半年内倒闭。而其倒闭的最主要原因,则是管理者没有足够的能力去经营企业。这说明,作为一个年轻的创业者,首先要自身有充分的管理能力,才能很好地经营企业。

现实中,一个毫无经验的创业者,如果仅靠激情行事,匆忙中做出创业的决定,不去对自身的能力进行充分锻炼和评估,那么就很容易误入歧途,掉进失败的泥沼中无法自拔。

现实中,很多年轻人都好高骛远,渴望一步登天,渴望一夜暴富,其实这种心态缺乏积极的现实意义。他们对一些细微的机会看不上眼,总想着一口吃个胖子,不明白积少成多、聚沙成塔的道理。

很多人认为，在创业中最关键的因素是资金，又或者是人脉，但其实事实并不完全如此，一个企业能否在市场中生存下去，最主要的还是创业者本人有多大创造收益的能力，尤其是经营和管理能力。否则，再多的资金也会打水漂。因此，对于穷小子来说，打造自己的经营能力才是最重要的。

更何况，穷小子的创业资金积累是经过奋斗所得，是血汗钱，对待这份金钱应该十分谨慎。在没有足够能力的时候，将创业资金孤注一掷在自己并不熟悉的领域中，往往带来的是不可预料的结果。

因此，在打工的过程中，穷小子要注重经营管理能力的学习和培养，当相关能力提升了，收入就会迅速上涨，创业就会变得相对简单。而当你拥有了具体创业目标后，就应该在实际行动之前，首先观察自己要进入的行业及其盈利模式，并根据这个行业的特点来划分和积累相应的经验，收集相关的资讯，才能拥有成功保证。而其中最好的办法，就是进入这个行业或者相关领域，先为别人打工，也就是所谓的借鸡生蛋。

你可以通过打工积累你所需要的经验和资源，在不同的业务平台上自我充电后，穷小子再进行创业才有可能马到成功。

对于普通创业者来说，要学会在业务平台上自我充电，应该意味着具备脚踏实地的学习态度。每个人的能力都是自己努力学习得来的，在现有业务平台中，你要善于学习别人的成功经验和经营策略，以及面对危机时的处理能力和方式。尤其是业务能力，更需要细心去观察和注意，比如，业务精英们是怎么谈判和说服对方的，领导是怎样进行对下属管理的。在这个过程中，你会慢慢地积累经验，而把这些技巧化为已有。同时，在这种用心工作的过程中，你才能迎来客户的欣赏，从而有利于积累自己的客户，实现成功创业的目标。

道理虽然很简单，但最重要的是领悟。事实证明，那些学会借鸡生蛋，在业务平台上积极自我充电的创业者才是真正优秀的，往往只有采用这样的方法进行创业，才能获得竞争中生存的机会，并进一步迈向成功。

无数年轻人都有创业当CEO的梦想，孙小旗就是这些年轻人中的一名。孙小旗是个标准的凤凰男，从小出生在小山村，好不容易考上大学，后来拥有了一份收入相对不错的工作。然而，和所有的年轻人一样，孙小旗心里还有着创业以及成就事业的梦想。经过一番分析，孙小旗辞去了自己的工作，进入了一家物流公司，成为一名快递员。看起来，孙小旗的所作所为让人百思不得其解。然而，孙小旗在物流公司埋头苦干起来。

其实，孙小旗心里有着自己的打算。他曾经调查过本地的物流市场。现在物流集中的城区，范围十分狭小，而城区外的范围更大，成千上万的打工者就在城区外工作、生活，他们对物流的需求更多，而现有的物流范围对他们十分不利。也就是说，城区外的物流市场还是非常有潜力的。孙小旗决定从最基础的快递员开始做起，慢慢积累在物流业的经验，为自己创业做下坚实的铺垫。

在公司，很多快递员都不想去郊区收件，地域偏远，又很分散，去一趟往往会浪费很多时间，公司对城区外的业务并不重视。而孙小旗却自告自勇，承担了去城区外收件的业务。很多私下和孙小旗关系较好的快递员劝孙小旗："这是个吃力不讨好的活，何必往自身上揽呢。"孙小旗笑笑，没有说什么。就这样，孙小旗便经常往城区外跑，随着时间的流逝，孙小旗的业务能力不断提升。在城区外，孙小旗也树立了自己的品牌，有很多客户非常欣赏孙小旗的敢于吃苦、随叫随到的快递精神，城区外的业务几乎全被孙小旗包揽了。

一次，有一个客户到公司办理快递业务，是往城区外发的，由于业务量很大，很多快递员都感到非常不满。有的人甚至说："我们公司经营范围不包括城区外。"客户却说："我记得孙小旗说过，城区外的业务尽管找他。"

就这样，孙小旗在城区外的业务名声越来越好，很多关系较好的客户开始劝孙小旗自己创业，并承诺给孙小旗一定的资金支持。事实上，这么多年来，孙小旗就一直在等这个机遇。在当快递员时，孙小旗不断积累物流方面的知识。为了这个，他还专门报了一个物流学习班。现在，孙小旗觉着自己的机会来了。

不久后，孙小旗辞去了工作而在城区外开了一家独立的物流公司。在此之前，孙小旗已经拥有了很多客户，再加上自己在物流公司原来学到的经验和技能，公司发展得颇为顺利。不久后，孙小旗的物流公司就成为能够与原先物流公司相抗衡的新企业。许多原先与孙小旗关系较好的快递员也纷纷跳槽加入孙小旗的物流公司。

如今，孙小旗的物流公司正在沿着“郊区包围城市”的发展战略前进，他的物流公司已经开始由城区外慢慢向城区蔓延，隐隐有取代过去工作的物流公司的趋势。相信不久后，这个城市将是孙小旗开展其物流事业王国的第一步，成为其事业开展的根基。孙小旗也将通过自身的努力取得更大的事业成就。

创业的道路并不是平坦的，对于创业者来说，无论面临什么样的困境，都要学会坚持创业信念，对未来充满信心，即使在创业的最低谷，也要相信会有柳暗花明的一天。保持这种充分乐观的心态是创业者必备的心理素质，就像孙小旗被别人误解时仍然能够大度一笑。

同孙小旗一样，很多企业家都是这样开始走向成功的。借鸡生蛋的创业模式一直在商业历史中延续，不断创造新的业绩奇迹。比如，韩国著名的手机品牌三星过去是给苹果“打工”的，苹果手机的CPU以及屏幕都出自三星生产线；而如今三星学习了苹果在手机方面的优势，有了对苹果叫板的能力。

其实，有创业想法的人不在少数，但往往他们思考太多，而行动太少。对那些有创业打算的上班族而言，最重要的并非表面上是否具备了成功因素，而是果断的行动。因此，穷小子在决定创业时，可以考虑像孙小旗那样，先进入一家相关的公司打工，借鸡生蛋，积累经验，当在这个行业树立了个人品牌、拥有一些较为熟悉的客户时，穷小子就会发现创业是水到渠成的事。事实上，孙小旗的成功就在于借鸡生蛋，在业务平台上积累经验，提升业务能力，打响在物流业的个人品牌，从而创业成功。

在这个迅速发展的时代，人心逐渐变得浮躁，很多人不能够安下心来学习并积累经验，总渴望一夜暴富。而现实毕竟是残酷的，市场是无情的，一个人如果没有弄懂市场规律，也没有提升自身业务能力，这时盲目进行创业只能是自讨苦吃。对职场新人来说，最重要的不一定是迅速创业，而是为了这个梦想，懂得借鸡生蛋，懂得在业务平台上不断提升和开发自身的能力。

只要职场新人肯钻研，肯在创业前进行相关的经验积累，并自我充电，那么不久后，职场新人也会完成华丽的变身，成为商业界的下一个传奇，下一个乔布斯。

2. 锤炼个性化表达，形成自我品牌

判断一个人素质高低的方法，有时候其实并不复杂，只要观察一下他的自我形象，尤其是谈吐，便能得知答案。在生活中或商业活动中，普通人常常会看到这样的现象：有的人在演讲或者交流时，滔滔不绝，口若悬河，看起来非常有魅力和自信，往往也能够感染身边的人，对这样的成功人士，普通人通常会抱有很好的印象，同时更容易相信他们；而有的人则显得比较木讷，半天说不出一句话，看起来比较呆板和平常，以至于很多人对他的印象也好不到哪去，甚至毫无印象可言——即使他们并不缺乏财富。

因此，当穷小子在通向成功道路上进行奋斗时，语言表达能力的高低将是他个人最好的说明书和宣传品。

其实，一个企业的文化，说到底也是企业家个人文化层次的体现。如果企业家没有个性化表达，也就无法形成个人号召力和宣传力。如果穷小子真正到创业时还是没有良好的个人表达力，就会发现他的公司一直在

原地踏步，甚至没人愿意信任企业的产品。因为正是你的自我形象在告诉别人：公司不注重形象，也不注重表达。

你应该看到，锤炼自身的表达力，有利于帮助身处职场底层的你，树立出完整的自我形象。因为自我形象不仅关系到别人如何看你，而且一定程度上也会反映出你的自信程度。如果你能改善自己的表达，使之充满个性，同时其内容又能充分被人所接受，那么你不仅会充满魅力，赢得别人的尊重，还能让他人对你的能力和自信产生深刻的印象，而这对于你开展工作、结交人脉是十分有利的。

怎样才能有足够优秀的表达方式呢？谈吐是否文雅得体，是一个人自我形象的重要标志，但我们只能说，这是一个基本的判断标志而已，并不足以让你获得更多利益。因为表达中最重要的，还是是否具备个性化的特点，从而让自己显得更加与众不同，能够得体地彰显自我，赢得别人的好感。

如今，很多观众轻易就能够记起中央电视台《中国新闻》主持人徐俐，她是一个懂得用个性化表达来塑造自我形象的人。其"疾语如风、刚毅练达"的个性化表达风格，让千千万万的观众为之倾倒。一般来说新闻类节目主持人在表达上总是倾向于保守、严肃，而徐俐在表达上却有着鲜明的特色，如夸张的重音处理，密集的语速以及特别大气的语调，都表现出了强烈的个性化特点，这对塑造其自我形象是非常有利的。也正是如此，她才能从无数普通的播音系毕业生中脱颖而出，成为中央电视台新闻类节目主持人中的佼佼者。

其实，就算在身边的普通职场中，我们也会有这样的感触——相同的话从不同人口中说出来，效果或者影响力是不一样的。仔细研究，我们就可以发现，每个人的自身表达方式，包括其声色、语调、表情等有着各自的不同，形成了各种各样的差异点。而正是对差异点的充分利用，才会让表达充满力量。

你应该从刚刚踏入职场开始，就积极塑造自我形象，养成良好表达的习惯，尤其是对个性化表达的追求，更是职场新人应该加以认真对待的。把锤炼个性化表达放到提升自身业务能力相同的高度，你的发展水平才能从中受益。

小何就是一个重视自我形象，懂得锤炼个性化表达的企业高级管理人员。但这一点，是在一次挫折后才开始养成的。

有一次，上司安排小何修改好下周的PPT演讲稿，而小何认为，在每次作报告时，会议上好像并不注重PPT，因此打算到会议前再修改。上司说："如果不按时完成，这个月的奖金就没了。"小何却信口说道："没就没了吧。"上司说："但你是公司的员工，应该学会服从领导的命令！"小何只好说："好吧，我再看看。"

结果，小何没有做完这份文件就按时下班了。

回到家后，小何像往常一样打开电视节目，却无意间看到讲塑造职场个人形象的节目。节目里一个女生正在后悔地说："今后再也不和上司抬扛了，应该懂得如何服从上司的命令。"其实，这位女孩原本非常重视自己的工作机会，但自恃能力突出，没把上司放在眼里，如今上司以不服从领导命令为由把她炒了，女孩才感觉到后悔。

小何突然担心起来，因为她知道自己是不能失业的，房贷还没有还清。在节目的最后，主持人建议职场人士要学会巧妙地表达自我的意图，这样才能让上司记住你，重用你。

小何仿佛看到了问题的根源：原来，她是科室里工作时间最长、阅历最老的人，但身边的人不断升迁，只有小何一直在原地踏步，连这位上司在做科长之前甚至都做过她的助手。正因为如此，她才越发不注意表达，总是用千篇一律甚至直来直去的方法传递自己的意图，令上司和同事很难接受，根本无法去了解她的真实想法。这样下去，上司会不会认为自己有意不服从命令？

她从网上找了一些关于锤炼个性化表达方法的信息，并详细地记录在日记本上。第二天，天刚亮，小何就回到公司把那份PPT文件完成了，在上班前交给了上司。

在以后的工作中，小何不再直截了当地表达，相反，她的表现开始与原先截然相反。小何开始锤炼自己的语言和表达习惯，学会用积极的态度去同他人沟通。比如，用“保证按时完成任务”取代了原先简单乏味的“是”，“我对这个任务有点想法”取代了原来冷冰冰的“这样不好干啊”……

另外，小何锤炼个性化表达的重点在于积极、自信、乐观的说话语气和表情，很多话从她嘴中说起来，就让人有了不同的感受。渐渐地，小何在公司的影响力越来越大。在开会时，大家发现，小何的不少建议都被上司肯定了。同事对小何的印象也大大改变了，变得更愿意与小何沟通在工作中遇到的问题。很多客户开玩笑地说：“在公司，小何个性化表达几乎成了公司鲜明的标志。”

个性化的表达，给小何带来了逐渐提高的自信和人气，让她在工作中如鱼得水。随着个人形象品牌的建立，小何在公司的影响力与日俱增。小何的表现赢得了公司董事会的注意。不久后，董事会的任命通知下来了，小何成了公司中层管理人员，薪水几乎翻了两番——她终于不再是个普通的穷女生了。

如今，小何在领导岗位上用她个性化的表达潜移默化地影响着公司更多的员工，据说，她还有很大的可能被提拔为公司的高级管理人员。

通过这个例子，我们可以看出塑造自我形象，锤炼个性化表达对每个人职场走向的重要影响。对于试图提升个人影响力、让自己在工作和事业上如鱼得水的草根阶层来说，学会锤炼自我表达是十分重要的，这能够缩短其在工作上获得成就或者开创事业的时间，并让个人的影响力变得更加深远。

事实上，良好的自我表达应该是充满感染力的。因为职场上的表达不仅仅是为了获取实际利益，更是一种自我形象的包装——给他人留下深刻的印象，让别人听而不忘，见一次面就能记住你，这对职场草根来说，是非常重要的。

好的形象能赢得同事和领导的认可，对职场草根工作的开展十分有益。相反，如果你在表达上平淡无奇，甚至漏洞百出，那么就很容易走出同事和领导的关注范围，同样也就很难让人有好感。结果，在职场上寸步难行，无法应对困难，更不用提有所发展了。

其实，塑造自我形象，锤炼个性化表达是有一定技巧可以遵循的，下面几种方法，能够帮助穷小子们锤炼个性化表达：

1. 养成适当的阅读和写作习惯。阅读是为了从知识中汲取营养，而写作则是为了强化良好的语言习惯，帮助人更好地记忆，同时也能够帮助你锻炼出一种“脱口成章”的表达能力。因此，适当阅读和写作，是增强语言组织能力以及提升表达反应思维的最佳途径。

2. 为自己表达个性的发挥找到一个切入点，如积极、热情、阳光等，并在实际生活中不断地进行实践，提升自己的个性化表达能力，形成具有优势的个性化口语。当然，在这样的表达中，你要学会融入自身的情感，而不是虚伪做作，否则，一定会被他人看穿。

3. 找到工作中学习的对象。其实，表达这种东西，往往都是从模仿开始的，找准你的模仿对象，研究被模仿对象的气质、个性和语言等。在学习的过程中，还可以结合自身实际情况不断加以改进，从而形成独有的个性化表达，最终从单纯的模仿中走出，树立起自我形象的鲜明旗帜。

据统计，在工作失败或者一直没有得到升职的人中，至少有50%，是忽略自身形象营造，尤其是表达所带来的形象所导致。良好的个性化表达，从某种角度上说就是个人内心实力的外在表现，也是一个人在职场中不断获取成功的保障。

作为还在职场中浮沉的草根，你是否做好了锤炼个性化表达的准备呢?

3. 找准时间地点，做好创业设计

好的方向是成功的一半，对创业者来说，创业前做好充足的准备是必要的，尤其是做好创业设计。一个好的创业设计，应该包含在创业过程中可能遇到的各种问题并提出解决方案，这样，当创业者在现实中遇到具体困难的时候，就不会因为缺乏准备而手足无措。因此，创业设计，顾名思义就是创业者为了实现创业的目标而进行构思、制作以及对创业步骤的设计，让创业者在创业活动中有规可循，从而能够利用手头有限的宝贵资源，创造更大的经济和社会价值。

一份好的创业设计，如同在商海中给创业者树立的一座灯塔，可以指引迷途。因为有了这座灯塔，创业者不但不会迷失方向，反而会找到实现创业目标的最短路径。在市场经济瞬间万变的情况下，不做好创业设计，是很难成功的。在现代商业运作中，可以说，创业设计就是创业活动中的枢纽。创业设计能表明企业需要采用什么样的方法来进行经营，提供什么样的服务或者产品，以什么样的形象出现在客户面前，创业过程中需要注意什么。这些问题都是在创业设计中需要触及的问题。创业设计是盏指明灯，在很多时候能起到非常重要的作用。对创业者来说，拥有一份规划详细的创业设计就像是吃了一颗定心丸。创业者在创业活动中就能够增加自信，从容面对，从而提高创业的成功率。

一份好的创业设计，必须充分考虑时间和地点要素。这是因为，每个行业都有其市场规律，都有一定的兴衰趋势，对创业者来说，时间就是一个切入口，应选择在行业还有发展前途的时机进入。创业设计中要做好时间的调查，尤其是行业的未来趋势。这是考验创业设计是否合格的重要标准之一。其次，创业设计中要注重地点。每个行业都有自己的经营范围，都有属于自己的圈子，也就是地点。地点就是企业的所在地。这个地点能够给企业带来什么好处，有什么优势，为什么要选择这个地点，都是需要思考的。这些都是创业设计中必须要考虑的问题。总之，一份成熟的创业设计要包括时间和地点。而成熟的创业设计则是创业成功的重要保障。

在商业中，机遇总是转瞬即逝的。一个富有眼光的创业者总是能抓住最恰当的时机进入这个行业，赢得最丰厚的利润。如同在股市的涨涨跌跌中，只有在好的时间买入和卖出，才能够得到丰厚的回报；而在不恰当的时间买入和卖出，很有可能会血本无归，甚至被套牢。所以，时间是非常重要的。同样，地点也是创业设计中不可缺少的一部分。从广义上来说，行业都有自己的聚集区。比如，越靠近沿海，其产业越倾向于高新技术开发；即使在一个城市，各个行业也有其聚集区。对创业者来说，找到正确的地点，有利于创业者整合市场资源，提高利用率，缩减创业开支，从而创造更大的效益。

因此，对穷小子来说，在进行创业之前，拥有一份成熟的创业设计并不容易，但却十分必要。成熟的创业设计有助于其创业成功。在创业的过程中，很多人都是经过一番摸索，才最终明白了做好创业设计的重要性，最后靠成熟的创业设计创业成功，成就了自己的事业。杭州绿盛集团有限公司董事长林东就是很好的例子。

早些年，李东从亲朋好友处借了不少钱开始创业，但却屡遭失败，甚至赔掉全部家当。在失败的过程中，林东逐渐明白，自己所缺乏的是一份成熟的创业设计，于是后来他花费了很多时间做创业设计。如今，林东创业成功并成为商业的传奇人物。林东的经历可以为那些正在创业或者想创业的人提供借鉴。

很小的时候，林东就听说过李嘉诚的故事，林东把李嘉诚当做自己的偶像，他幻想有一天自己也能够成为李嘉诚那样的商人。于是，林东找来很多关于李嘉诚创业的书籍，通过阅读来了解李嘉诚的创业过程。后来，林东也陆续续接触过不少企业家的人物传记。在这些书籍的激励下，林东认为创业成功是很简单的事情，只要有热情、有毅力就足够了。想象着自己创业成功后的模样，林东不由乐出声来。

林东大学毕业后，便迫不及待地开始创业。首先他通过亲戚朋友筹集了一笔资金，在杭州注册了绿盛食品有限公司，开始了创业的历程。然而，第一次推出的产品果粒橙便失败了。由于对时间的把握不对，第一批产品上市的时候已经错过了饮料的旺季。没有任何悬念，第一次创业就这样失败了。林东是个聪明人，懂得从失败中汲取经验，他回顾说："那次的失败让我明白了在市场中时机的重要性，因此我开始花费很多时间去进行市场调查，掌握这个市场的规律和兴衰趋势，这是我创业过程中上的第一课。"

不久后，绿盛食品公司推出了牛肉干，牛肉干面市后很快便脱销了。林东趁势加大了牛肉干的生产量，但新出品的牛肉干却遭到市场的冷遇。原来，由于地点的问题，绿盛公司所在的这片区域市场已经饱和，而公司由于位置不对，很难把生产出来的牛肉干及时推销出去，公司的经营很快便陷入困境。林东不得不放弃做牛肉干的生意。

接连的失利并没有让林东放弃，从牛肉干事件中，他明白了地点的重要性。不久后，林东参加了一次企业家培训课，在课堂上，林东首次触及“创业设计”这个概念。他把所学的关于创业设计的知识和自己以往的创业经历结合起来，终于找到了自己创业接连失利的原因。这一次，林东对市场做了很详细的调查，在讲师的帮助下，做出了一份内容详细、思路准确、操作性很强的创业设计。林东再次鼓起勇气创业。这一次，由于事先准备充分，对市场做了详细的调查以及做好了创业设计，林东创业成功。通过这次创业，林东首次获得了丰厚的利润，不仅把借的债还清，还趁势扩大了公司的规模。

绿盛公司在林东的带领下，连续五年以不同寻常的速度发展壮大，被媒体称为“中国的牛肉干大王”。2008年，林东成为继马云之后第二位登上《福布斯》杂志的浙江企业家，林东的故事因此被更多的人所知。林东在谈及自己的创业之路时，多次谈及做好创业设计的重要性。他说：“对于想创业或者正在创业的草根一族来说，千万不要急于求成，尤其是盲目创业。任何行业都有其规律，在创业之前要做好一个全面周到、切实可行的创业设计，要考虑好时间和地点，这样才能创业成功。我就是很好的例子，可以说，是科学的创业设计成就了我的事业。”

对草根一族来说，做好创业设计是非常重要的，毕竟草根一族的创业资金都来自自己和周围人。因此，草根一族首先要考虑好时间和地点。任何一个行业都有其市场规律，有其淡季和旺季。如饮料行业，淡季就是冬季和秋季，而旺季则是春夏季。对创业者来说，选择行业的旺季时间进行创业有利于创业的成功。地点也是创业的重要因素，人群密集的地方有很大的市场潜力。在创业之前，草根做好详细的创业设计是十分必要的。首先，要对市场进行详细的调查，明白最佳时机，找到最佳的地点；其次，可以寻找创业讲师来帮助做好创业设计。

但是，并不是有一份成功的创业设计就能创业成功。创业设计讲究的是实用，能够对创业活动遇到的问题未雨绸缪，所以，创业设计不应该太过新奇，新奇也并不代表成功。事实上，在商业中，任何一个新鲜事物都是存在很大的风险的，新鲜事物进入市场要经过很长时间的磨合期，需要投入大量的人力、物力和财力，很明显不符合草根一族。创业设计也不能过于简单，因为在创业过程中任何事情都有可能发生，创业设计应该包含各种可能遇到的问题以及解决方案。因此，做好创业设计需要草根一族用心思考分析。

市场环境总是瞬间万变的，即使拥有一个成熟优秀的创业设计，也不一定能够减少创业的困难。对草根一族来说，创业设计只是提供必要的帮助，而不是灵丹妙药。最重要的是，要根据市场的实际情况，具体情况具体分析，学会实事求是。在创业活动中，应根据实际情况修改创业设计，使创业设计在时间和地点上均符合市场规律，这样才能创业成功，实现自我价值和社会价值。

4. 跟成功者学经验,跟失败者学教训

从广义上来说,学习是一个国家进步的必经阶梯,是一个民族能够在世界民族之林自立的基本条件。从狭义上来说,个人学习能力的大小与职场前景休戚相关。随着时代的发展,现在社会需要的人才多是复合型人才,过去那种“术业有专攻”的人才已经不适合现代的市场环境,而是要求在“术业有专攻”的基础上,对其他方面的知识和技能都有一定的了解,这也就是说,如今更受欢迎的是全才。未来职场竞争以及能否在职场中获得成功,就在于一个人是否不断学习,在学习中不断充实自己。甚至可以说,竞争的实质就是学习能力的竞争。

公司中,草根一族常常会抱怨怀才不遇、薪水太低,等等,这些人并没有意识到自身的问题,也没有找到解决这些问题的办法。其实在这段艰难的瓶颈期中,对草根族来说,最重要的就是不断提升自己的学习能力,毕竟未来在职场的成功与否很大程度上取决于草根族的学习能力。草根族要想学习效率高,首先要明白学习的组成因素。学习是由学习内容、方向、

过程以及学习对象等组成的。其次，要根据这些组成因素找到自己的欠缺部分并加以强化，从而提高自己的学习能力。

美国西点军校有一条经验不断相传：在学校乃至社会上，没有哪个人可以永远独占鳌头；在日益复杂的市场环境里，只有虚心并且善于学习的人才能够在未来收获成功。所以说，对草根族来说，提升自身的学习能力，是适应社会对人才多元化需求大趋势的最好态度。如今，草根族只有不断学习、充电才能走在别人的前面。

学习内容要符合自身的职业发展或创业需要，而学习的方向则要有利于提升自身的能力，不仅是业务能力，还包括创业能力。在学习的过程中，要用心、细心，同时要善于找到学习的对象。

在学习对象的选择上，很多人都倾向于向成功人士学习，因为在他们看来，成功人士之所以成功，一定会有成功的方式和方法，只要学习到这种方式和方法就能够成功。其实这是一种片面的想法，成功的道路千千万万，并不是每个人的成功模式都可以复制的。学习者既要学习成功者的成功经验，也要学习失败者的失败教训。例如，著名的发明家爱迪生就是一个善于跟失败者学习教训的人，他名下的很多发明都是在前人失败的基础上找到规律，然后才获得成功的。可见，学习的对象不分失败者和成功者，只要对自身能力的提升有帮助，都是可以学习的。对草根族来说，既要学习成功者的经验，从而找到成功的规律；又要学习失败者的教训，避免自己在这方面失败，从而有助于成功。

复杂的市场环境对人才的要求是很高的，现实也是非常残酷的，只有善于学习的人才能适应环境并提升技能，否则就会被远远地抛在后面，就像一滴水只有放在大海里才能永远不会干涸。在职场上或者创业中，只有善于学习的人，才能保持高效的工作状态，才能在职场上或商业中获得成功。

某文化公司新招了两个员工：小孙和小秦。这两个人工作时间很短，但工作效率都不错，很受同事们的喜欢。在工作中，他们也非常善于学习，很快便掌握的公司的流程，对公司的各项任务都非常熟悉，而且能够按时保质地完成任务。领导对他们两个人的工作能力很信任，在一段时间的观察之后，领导想从他们两个选拔出一个来做组长。

其实，在一段时间的观察之后，领导也发现这两位员工的不同之处：小孙的工作效率很高，然而在工作的过程中会出现失误；而小秦在保持高效率的工作状态时，失误却很少出现。两个月的试用期里，小孙出现了五次失误，而小秦一次也没有。

随着时间的流逝，领导发现小孙的工作效率虽然很高，但失误还是没有根绝；相反，小秦还是保持高效率、零失误的状态。因此，领导决定提升小秦为组长。

在公司，组长可以单独包揽项目的策划、设计以及实施，是个比较重要的位置，同时也利于进一步的提升。所以当提升小秦为组长的消息传到小孙耳朵里时，小孙非常不服气。他找到领导说："我和小秦同时进入公司，对公司的贡献都差不多，凭什么升职的是他而不是我？"领导没有说什么，只是把小秦也喊到办公室，拿出两份文件说："这是你们各自做的同一份文件，在文件中，你们两个人都提出了非常好的方法，但是小秦的方法稍胜一筹。"

原来，这个项目原本是公司已经离职的员工做的，项目没有获得成功。领导把这份文件交给小秦、小孙。小孙和小秦很快就在公司的网页上找到了关于这个项目的资料，并详细介绍了为什么原先的员工会失败。小孙一向只对成功者的经验感兴趣，他从网上找到了一个成功者做的案例，两个案例有异曲同工之处。于是，小孙很快就从成功者的经验里得到了启发，然后做出了文件。而小秦则仔细地看看了原先的员工失败的原因，并从中汲取了教训，后来又找到了一个相似的成功案例加以分析，再融入自己的理解，便做成了这份近乎完美的文件。

小秦被提升为组长之后，将自己的学习经验传授给了组员：既要向成功者学习经验，也要向失败者学习教训，只有把两者结合起来，才能快速地学习到所需的知识，在工作中也会减少失误的次数。因此，小秦领导的小组在工作上一直保持着高效的状态，在公司的众多小组中名列前茅。

小孙经过比较，也找出了自身的问题症结所在，如今他不仅学习成功者的经验，还学习失败者的教训。据说，领导对小孙的成长感到非常高兴，已有提升小孙为小组组长的打算。

对职场新人来说，提升自身学习能力是非常必要的，既要善于向成功者学习经验，又要善于向失败者学习教训，这对提升职场新人的职业技能至关重要。对草根族来说，自己最容易接近的成功者，显然是身边的领导或者上司，领导往往都是行业中的精英人物，属于成功者，他们具有非常丰富的经验和阅历，因此草根族要善于跟领导学习。从领导的角度看，帮助下属提升能力，能够给团队带来效益。因此，领导都是乐于帮助新人的。

除了学习成功者，草根族还要善于从身边的失败者身上学习教训。在职场中，项目不可能是百分之百成功的。因此，草根族要善于从所有失败的教训中汲取有利于自身成长的知识，从而提升自身的能力。

另外，草根族在学习身边人时，要把目光放在整个行业里，尤其是行业里的成功者和失败者。任何行业都有其领军人物，草根族应从领军人物的经验中汲取营养，看看成功者是如何在行业里获取成功的，他具体使用了哪些方法，从什么地方切入，为什么能赢得客户的支持。另外，草根族还要善于跟失败者学习。俗话说：失败，其实不是失败，只是离成功更近了一步。因此，草根族要从失败者的教训中汲取知识，避免自己在将来重蹈覆辙，从而为草根族的成长节省时间和精力，促进草根族的成功。

对待成功者，草根一族应该保持良好和正确的心态，向他们学习经验时要不卑不亢，虚心请教。事实上成功者是非常喜欢教导他人的，他们也非常喜欢谈论自己获得成功的经历，也乐于与请教者分享。草根族可以采取紧盯战术，注意成功者在处理项目时采用的方法，找到他们解决问题的思路，从而得到他们的经验。有时，对严肃的成功者则可以采取侧面迂回渗透战术，慢慢地取得成功者的信任。对待失败者，草根族同样要保持良好的心态，所谓的失败者只是“暂时没有成功”而已，草根族要不歧视他们、不笑话他们，而是用平常心态与他们交往，从他们的失败中找出有利于自身的部分，提升自身能力。

世事没有绝对。成功者的经验或许只是符合当时特定的环境，草根族照搬他们的经验、依葫芦画瓢可能会导致失败。同样，把失败者过去的教训放在如今的环境中反而可能会获取成功。因此，成功者的经验和失败者的教训并不是绝对的，草根族在学习的时候要善于加以分析，把经验和教训都转化为对自己有用的东西，这样才能够灵活运用这些知识，获得职场或者创业的成功，成就一番事业。

5. 拒绝长期打工，不做最蠢投资

打工，不妨先从字面上来进行解释。“打”的意思就是进行，而“工”的意思就是工作。打工，也就是进行工作。一般来说，打工就是劳动者通过自己的劳力或者智力为某些机构服务，当然，这种服务是有偿进行的。众所周知，企业是社会安定最重要的部分，企业的正常发展对国家的经济以及在国际上的竞争力都是十分重要的，而公司的发展和运营离不开众多的打工者，也就是员工。如果说，企业是一个庞大的机器，那么员工就是这台机器上的一个个零件，缺少了零件机器就无法正常运行。所以，对企业来说，拥有众多的员工是非常必要的，也是成为一家企业的基础。

打工者通过打工，最直接的目的在于获得劳动报酬。一般来说，这份劳动报酬能够满足打工者的基本生活需要，对于打工者的家庭稳定以及更好的生活都提供了物质基础，打工者可以用报酬交换所需的其他东西。数以千万计的打工者能够通过工作拥有一份比较稳定的收入，就相当于吃了一颗定心丸，这对社会的安定以及国家的正常发展都是至关重要的。

对打工者来说，拥有一份工作并能获得一定的报酬，固然是一件惬意也是十分重要的事情，然而，从个人的成长、发展以及投资的角度来看，打工者如果长期安于现状，总是通过打工来维持生活，是十分不利的，也是最蠢的投资。

长期安于现状，会让人失去见识世面的机会，也失去接触各方面、各领域、各行业的机遇，最终错过了成长和创业的机会。因此，从投资的角度来看，安于现状就是一种很稳健的类似于银行存款的投资，而在稳健的同时却无法像股票那样获得较高的收入，从而失去最终立业发家的机会。所以，长期打工，既不利于打工者的个人成长，也不利于打工者的财富积累。

因此，草根族要想实现立业发家的梦想，必须要学会思考。对自己的现状进行合理的分析。当然，在打工的时候，草根一族还是应该为此而更加努力的。企业是一个大平台，能够帮助员工快速成长。在企业中，草根族只有努力打工，才能最大程度地成长。而在积极打工的过程中，草根族就要学会接触各方面的知识，对未来要有所想法，尤其是关于创业，在时机成熟时要有勇气跟打工说再见。

对草根族来说，打工实现的自我价值终究是有限的，只有你敢于积极地去进行创业，才能最大程度地实现自我价值和社会价值，从而为自己赢得更多的荣誉。而在这方面，澳门何鸿燊就是一个很好的例子，他的态度和习惯，是草根一族需要学习的。

如今，在港澳地区，你只要说赌王，人们就会知道你说的是何鸿燊。关于赌王的故事在港澳地区广为流传，至今不衰。

何鸿燊出生于香港，其家族在香港原本颇有势力，是香港地区有名的大家族。何鸿燊的父亲更是香港上流社会的人物，也是著名的富商。可以说，何鸿燊从小就过着锦衣玉食的生活，就连其学习的地方也是香港最好的学校。然而，世事无常，由于经济环境的突然恶化，何鸿桑的父亲一夜间破产，家道衰落，由原先的富贵逼人变得一贫如洗。家道的突然中落让何鸿燊吃尽了生活的苦头。

通过努力，何鸿燊考上了香港大学，并获得奖学金。从香港大学肄业后，何鸿燊来到了澳门，通过面试以及考核进入了澳门联昌贸易公司。因为何鸿燊能够说出一口和老外相差不多的流利英语，所以不久后就被提升为秘书。

在工作中，何鸿燊非常努力。因为家道中落，何鸿燊尝尽了世间的辛苦和悲酸，因此，对当时经济上捉襟见肘的何鸿燊来说，有份稳定的工作并能获得相对稳定的报酬是十分重要的。何鸿燊一度也感到非常满足。何鸿燊有很强的记忆力，能够准确记得当时与公司往来的众多客户的电话号码，只要上司说出客户的名字，何鸿燊立刻就能说出客户的电话号码，甚至倒背如流。再加上平时在工作中，何鸿燊善于察言观色、周旋四方，很快就凭借自身的努力，成为这家公司的得力干将，在以后的日子里，何鸿燊为公司的发展立下了汗马功劳。

随着职场的成功，何鸿燊却越来越感到苦闷，他认为，自身的价值远远还没有实现。站在高楼上，何鸿燊望着众多和自己一样匆忙的上班族，忽然间意识到自己的道路不能这么走下去。为了获得更好的成长和实现个人价值，何鸿燊决定创业。

何鸿燊做出这样的决定让老板感到很突然，因为老板一直很器重何鸿燊。在老板看来，何鸿燊在公司有很高的职位，工资又非常高，从某种意义上说，何鸿燊可以算得上是商界的成功人士了。但最终，何鸿燊并没有做出更多解释，还是毅然辞职了。

何鸿燊成立自己的公司，并靠以前在职场攒下的人脉发展起来。不久，何鸿燊创办的公司就成为港澳地区有名的大公司。随着时间的流逝，何鸿燊个人的声望越来越高，并成为举世皆知的赌王。

何鸿燊的成功，就得力于他看出，长时间的打工是一种愚蠢的投资，对个人价值的实现是十分不利的。因此,他跳出了职场,通过自己的努力创办公司,最终功成名就。虽然,打工能够让何鸿燊获得丰厚的收益以及声望,但最终还是不如自己创业来得好。

因此,对草根族来说,眼前的状态也许就像当初的何鸿燊在公司工作的状态——能够获得较高的收入,能够满足草根族的日常需求。而且对于一些志向较小的草根族来说,这份稳定的收入也确实足够满足生活和享受的需要了。然而,人活一世,最重要的并不是安安稳稳地过日子,而是要通过努力来实现自我价值。当打工成为成长和实现自我价值的障碍时,草根一族要有勇气敢于开创自己的新事业。

在职场中,草根一族不外属于下面的几种情况:

首先是在外企工作,有着较高的薪水,但外企竞争比较激烈,压力大,工作量更是常常超出负荷,在工作中,要学会违心周旋,有时甚至会遭遇到上司和同事的排挤。而且,即使草根族对企业发展有更好的想法,但老板不一定会愿意支持,导致你的想法一次次被无视。

其次,就是在国企以及政府事业单位工作,工作一般比较安逸、稳定,但是却无法积累工作经验,职业生涯缺少规划,而且在这些单位中,升职主要靠论资排辈。长时间待在这样的环境里,很容易让人养成喜欢安逸的习惯。缺少竞争,最终会被时代所淘汰。

最后,还有些草根在私营企业工作。一般来讲,私营企业对员工的要求更高,员工也能学到不少知识,但毕竟是私营企业,员工无法获得较好的成长。

从本质上来说,这些缺点是环境所导致,并不是草根族能够改变的,最终的结果也经常是草根族为了适应环境而不断改变自己,最终在职场中失去自身的优势,同时竞争力减弱。而且,有些草根族是喜欢安于现状的,这些人之所以不敢或者不愿意成为老板不外乎以下的原因:首先是害怕挑战,其次是缺少自信,最后就是缺少积累。之所以有这些心理,是因为把成功看得太过于复杂,或者认为成为老板的都不是一般人。实际上,这只是自我恐吓罢了。困难并不是来自于挑战或者没有积累，而是来自于内心。一个人的内心恐惧是他成功的最大障碍。换句话说，一个人最大的敌人就是他自己。如果草根一族敢于战胜自我，并根据实际情况具体分析，找到解决办法，就会获得成功。

要解决这些问题很简单：首先，穷小子要有敢于拼搏的精神，拒绝退缩。人生本来就是一次竞赛或者说是一场“赌博”，只有敢于竞争，才能找到自己的出路。安逸的生活并不是为穷小子准备的，只有那些功成名就的人才有资格享受平淡生活。其次，要学会树立自信，成功者会经历从有无到有、从小到大、从少到多的过程，草根一族也要有重头再来的勇气。最后，打工者在打工的过程中就要善于学习各方面的知识，为有朝一日脱离打工队伍，进入更高阶层做准备。这样，在机会来临时就不会惊慌失措，而是一举成功。

对穷小子来说，无论从信念上还是行动上，都应该相信，打工只是暂时的，应该 有目的地进行打工，抓住自己所需要的资源。那种长期打工、依赖打工的行动，明显是最蠢的投资。为了个人成长和自我价值的实现，草根族在打工时要善于学习、积累经验，为将来早日脱离打工队伍打下基础。要知道，在如今社会，只有敢于战胜自己、敢于创业的人才会功成名就，实现自我价值和社会价值。

6. 正确理财,创业要有第一桶金:激发创富欲望

“金子?贵重的、闪光的、黄澄澄的金子?不,是神哟!我不是徒然地向它祈祷。它足以使黑的变成白的,丑的变成美的,邪恶变成良善,衰老变成年少,怯懦变成英勇,卑贱变成崇高。它能把祭司诱离神坛,从将要康复的病人头下撤去枕头。这金光闪闪的奴才可以束紧和松懈神圣的纽带,给该诅咒的东西祝福,使癫病变得可爱,使偷窃变成光彩,让盗贼高踞元老院,声势煊赫,受人跪拜……”

莎士比亚在自己的著作中曾经如此夸张地描述金钱。的确,金钱对每个人来说都是非常重要的,对草根族而言更是如此。而且,金钱除了能给人带来生活上的享受,它更重要的是一种用来赚取更多金钱的工具。在当今社会,金钱这种工具处处可见。事实上,离开了金钱人在社会中就会寸步难行,离开了金钱,人们也无法真正去获得自己想要的事业升华。如果仅仅靠打工,靠个人努力来积攒金钱,远远是不够的。对草根一族来说,学会用钱,尤其是学会用资本来生钱是十分重要的。

随着后理财时代的到来，“你不理财，财不理你”的观念越来越深入人心。首先理财是调节收支平衡的利器，通过理财，可以更好地规划未来的生活；其次，理财可以帮助草根一族积累财富，从而缓解草根一族的生存压力，为实现梦想打下坚实的物质基础；最后，理财相当于人生的保险，能在草根族遇到经济危机时给予帮助，帮草根族度过难关。因此，草根一族学会理财是十分重要的，能为将来的创业积累第一桶金。

事实上，越是有钱人越注重理财。提起王永庆，很多人就会想起他创办的台塑集团，王永庆被人们称为“经营之神”，甚至有段时间王永庆成了亚洲首富。对普通人来说，王永庆无疑是有钱人，然而王永庆虽然拥有如此巨大的资本，生活却十分节俭。

很多人都天真地认为，认为富人过着锦衣玉食的生活，然而事实上并非如此。很多富人从创业初期就有很好的理财观念，他们不会浪费每一分钱，总是追寻最大的利润。他们不会在自己身上花费太多的钱；相反，为了让钱生钱他们宁愿过着简朴的生活。王永庆就是这样的人。在创业之前，王永庆就是一个善于积累资本、善于理财的人。王永庆每天早上都喝一元一袋的那种豆浆，就是为了省下一元钱来用于投资。事实上，正是这种良好的理财习惯，让王永庆积累了第一桶创业资金，并靠这笔资金成立台塑公司，最终发展为集团。王永庆因此功成名就。即使在成为富人后，王永庆仍保持喝豆浆的习惯。对此，王永庆说：“这样才能把积攒下的钱用于投资，以获取更大的收益。”

不只王永庆，松下幸之助也是如此。在创业之前，也就是松下幸之助在自行车店当学徒时，他不仅学习了很多手艺，还学会了生活经验。当学徒期间，很多来修自行车的客户常常会在等车时间打发车店的学徒去买香烟。这样一来，就会浪费松下幸之助很多时间。后来，松下幸之助从商店里批发了一些香烟，在客户打发他买烟时就能及时拿出来。这样既节省了时间，又让客户满意。最重要的是，当时日本的杂货店中，没有买二十根烟就会额外赠送一根烟的惯例，这样，松下每卖掉二十根香烟，就能获得一根烟作为“报酬”。虽然一根香烟的价钱不过是两分钱，但松下幸之助觉得，这也是自己的经营所得。靠着卖香烟，松下幸之助从中积累一笔资金，并从中学会了许多经商的经验。这是松下幸之助第一次理财，而这次理财所得到的远远大于金钱本身。在以后的创业过程中，松下幸之助一直保持这种观念，最终成就了自己的事业王国。

在现实中，很多富人原本都是穷人，他们之所以成为富人，和他们善于理财有无法割裂的关系，理财使他们得到第一桶创业资金，通过创业获取更大的财富。因此，成功和成为富人并非没有捷径。对草根一族来说，只要学会理财就会有很大的机会成为富人和获取事业成功。

即使如此，很多穷人对理财仍很漠视，他们认为自己没有多少资金可以进行理财。穷人最鲜明的特征就是一面说自己没有钱进行理财，而另一方面在消费上却总是很大方，如盲目贷款、使用信用卡而不及时还款、盲目消费、买车买房，从而错过投资的机会。可以说，钱就像是海绵里的水，只要挤挤总是有的。因此，缺乏金钱不能成为穷人不理财的理由。

那么，穷人的消费观念为什么会这样呢？首先在于穷人在消费上的从众心理，看见别人买车了，自己就赶紧买车；看见别人买房，自己就赶紧买房；看见别人使用信用卡消费觉着很羡慕，便选择用信用卡盲目消费，而不考虑偿还能力。其次，穷人往往缺乏自我控制的毅力。看见好的东西就控制不住自己的消费欲望。第三，穷人还经常喜欢炫耀，加上自尊心和虚荣心作祟，看见别人拥有好的东西，自己不买的话就觉得没面子。第四，是由穷人的生活圈子决定的。俗话说物以类聚，人以群分。穷人没有机会加入富人的圈子，也就不明白富人之所以成为富人的原因。而在穷人的圈子里混的人，一般都是不善于理财的。因此，穷人缺乏理财观念也是情理之中。

穷人要想成为富人，首先要有创造财富的欲望；其次，要善于寻找理财的方法，通过理财积攒创业资金，从而改变命运。具体来说，穷人要改正自身的缺点，学会理财，就要做到下面三点：第一就是摆脱从众心理，说白了就是穷人要树立独立自主的理财意识。对于消费，穷人要有自己的主见，而不是盲目从众。第二，穷人要学会控制自己的消费欲望，自我节制，而不是肆意挥霍。第三，盲目的花钱并不能为穷人带来荣誉，相反会让人看出虚荣心态。花钱并不值得炫耀。事实上，只有成功本身才值得炫耀。第四，穷人要学会扩大自己的交际圈，平时要学会和理财高手相处，而不是做月光族。这样穷人才会学会理财并最终成为富人。

草根一族要想摆脱贫困，就应该积极培养自己的创富欲望，有了欲望才会有行动，行动就是指理财，通过理财，草根一族可以积累创业资金，在合适的时机进行创业，从而功成名就，彻底摆脱贫困。

作为草根一族，你做好创造财富的准备了吗？学会积累创业资金了吗？更重要的是，你学会理财了吗？要知道，富有和成功都是从理财开始。

第八章

那些年，白手起家的穷小子们

瞧一瞧，看一看，那些年的穷小子们，如今变成了各个阶层的精英富豪。

他们是如何做到的？榜样的力量是无穷的，通过看清他们的成长轨迹，穷小子应该坚信：我很穷，但我很有种，总有一天，我要改变命运的轨迹！

1. 丁磊与网易

网易的创始人丁磊说："人生是个积累的过程，你难免会摔倒；即使跌倒了，你也要懂得抓一把沙子在手里。我不甘寂寞，我就是要创业！"

丁磊大学毕业之后在宁波市电信局工作。电信局的待遇很好，但是丁磊感觉自己在电信局根本发挥不出自己的个人价值。因此，1995年，丁磊主动从电信局辞职，南下广州开始创业。

丁磊辞职的时候，遭到了家人强烈的反对，不过丁磊却坚持辞职，他说："人的一生总会面临很多机遇，但是想要抓住机遇通常要付出代价。有没有勇气付出代价，往往是人生的分水岭。所以我选择创业。"

丁磊之所以没有选择北京、上海，而是选择了广州，是因为他觉得广州人更加有拼搏精神。丁磊说："如果广州人和上海人的口袋里各有一百块钱，那么，上海人会用五十块钱安家，用另外五十块钱做生意，而广州人则会找朋友再借一百块钱然后用二百块钱去开公司。我最欣赏的就是这种敢拼敢闯的精神。”

到达广州之后，丁磊选择了Sybase公司华南分公司。然而，丁磊在那里只是负责安装调试数据库，并没有其他工作可以做，他感觉在这里依旧不能实现个人价值，所以他选择了独自创业。

网易刚刚成立的时候，整个公司只有三个人，公司的办公场所只是一间不足七平方米的小房间。为了筹集公司的创业资金，丁磊垫上了自己准备用来在广州买房子的安家费，并且向朋友们借了不少钱，一共凑齐了二十万元。二十万元对于网络行业创业来说实在是一笔很少的资本，丁磊就这么开始了自己的创业历程。

丁磊认为，虽然每个人的天赋有所差别，但是每个年轻人都应该有自己的目标和梦想。无论工作单位和场合怎样变动，年轻人都要坚持自己的目标和梦想，勤奋刻苦，绝对不能放弃努力。一个人想要实现自己的目标和梦想，除了勤奋之外，还需要积极进取和不断创新。从创业开始一直到现在，丁磊每天都坚持工作十六个小时以上，每天要花费超过十个小时的时间在网络上。他每天要处理数百封电子邮件，密切关注网络上新技术的动态和发展情况。

网易公司的最初业务是开发应用软件，当时丁磊凭借之前在电信局工作的经验看上了两个网络服务——一个是搜索引擎服务，一个是免费邮件服务。不过丁磊首先做的是个人主页服务，他开发出了免费个人主页服务系统，并且在当时国内知名网站上买下了三个月的广告。当时丁磊的主要目的不是赚钱，而是想要通过个人主页服务提升网易的知名度。

继免费个人主页服务之后，丁磊又开拓了免费邮箱服务，网易用了七个月时间研发出了电子邮件系统，并且于1998年开始开放使用。当免费邮箱服务推出之后，注册用户以每天两千人的速度持续增加，许多公司想要和网易合作，购买网易的免费邮箱系统。

网易通过免费邮箱系统积累了资金。随后，丁磊决定网易改版，推出了门户站点计划。1998年网易被评为读者推荐的优秀中文网站第一名。后来，丁磊便决定开辟门户站点广告的商业模式。

随后，网易主推虚拟社区服务，网易虚拟社区曾经在十二天内注册两万人，在当时创造了一个奇迹。虚拟社区的推出使网易抢占了先机。在网易的虚拟社区推出后，各种虚拟社区在互联网行业兴起。后来，丁磊下定决心将网易的业务重点锁定为在线广告、无线互联和在线娱乐，获得了巨大的成功。在2012年福布斯中国富豪榜上，丁磊以185.9亿元排在第15位。

网易在整个发展过程中总是领先一步，从免费主页到免费电子邮件，再到免费虚拟社区，一直走在互联网创业的最前端。丁磊说："我的每一次创新都来源于生活，我很少直接从别的网站抄袭创意。当我决定要去做一件事情的时候，我会专注地研究所有与这件事情相关的资料和网站，然后凭着自己多年的经验和感觉来判断。"

丁磊的身上展现出创业成功者的普遍素质，这些素质都是准备创业的穷小子所需要借鉴学习的：

第一是兴趣。

第二是思考。

第三是叛逆（创业的冲动）。

第四是眼光，锁定商机。

第五是勤奋。

第六是坚持，不轻易动摇。

2. 马云与淘宝

阿里巴巴集团主席、首席执行官马云是《福布斯》杂志创办以来成为封面人物的首位大陆企业家。他透露了自己成功的秘诀，那就是梦想、学习和坚持。

马云于1984年考入杭州师范大学外语系，在大学期间担任学生会主席。大学毕业之后，马云先是在杭州电子工业学院担任英语教师，随后和朋友成立了海博翻译社。

翻译社成立第一个月的收入仅仅有700元，而房租就花费了2000元，于是马云的朋友们开始动摇了起来，他们开始怀疑翻译社是否真的能够成功。这时候，只有马云一个人在坚持，他开始通过贩卖一些鲜花、礼品等小商品来赚取资金，用来维持翻译社的运行。在马云的坚持下，杭州成立了第一个英语角，海博翻译社也成为杭州最大的翻译社，并且实现了盈利。

通过海博翻译社的创业，马云悟出了一个重要的理念——真正想要赚钱的人必须要把钱看轻，如果你脑袋里全都是钱的话，那么你不可能赚到大钱。

1995年，马云因为偶然的机会去了美国，在美国西雅图接触到了互联网。当时他觉得互联网很神奇，于是便邀请外国朋友帮忙做了一个海博翻译社的网页。结果，短短两个小时就收到了六封电子邮件，这些电子邮件来自美国、德国和日本，邮件内容说这是他们看到的第一个有关中国的网页。这时候，马云意识到互联网是一座金矿，互联网行业在未来绝对有极大的发展潜力，互联网必将改变世界！

此时，马云脑海中浮现出一个想法——他要创业，他要做出一个中国的网站，网站能够向整个世界呈现国内企业的资料。作出决定之后，马云辞去了自己在学校的工作，下海创业。

此时整个互联网行业在全球范围内刚刚开始发展，对于大部分中国人来说，互联网是个绝对陌生的东西。马云想要创业的想法遭到了家人的强烈反对，此时的马云是杭州十大杰出青年教师，而且很快就要接替学校外办主任的职位，可谓前途一片光明。然而马云想放弃学校的所有身份地位和待遇创业，这遭到家人和朋友们的强烈反对。

马云想了整整一夜，随后决定坚持自己的想法下海创业。

马云说："当时我对于互联网行业并没有很大的信心，但是我觉得做一件事情，无论成功还是失败，经历本身就是一种成功。如果你去拼去闯，就算失败了你还是可以掉头再来；但是如果你不去闯荡一番，晚上想想千条路，早上起来走原路，你的想法永远都不会实现，就是这个道理。"

作出决定了之后，马云凑了两万块钱成立了中国最早的互联网公司之一——"海博网络"公司，专门给国内的企业制作互联网主页，网站的名称是"中国黄页"。仅仅三个月之后，上海便正式开通了互联网，马云的"中国黄页"业务量迅速增加。不到三年的时间，马云就赚到了五百万利润，并且在国内有了名气。

后来，马云接受了国家外经贸部的邀请，带领自己的创业团队建立了外经贸部官方网站。再后来，又建了一系列的官方网站。这段工作经历使马云知道了国家未来的发展方向，并且学会了从宏观方面思考问题。

1999年，马云返回杭州进行二次创业，准备进入电子商务领域。当时全球的电子商务领域基本上都是为全球顶尖的大企业服务的，但马云决定为中小企业做电子商务生意。马云说，中小企业就像是沙滩上的一颗颗石子，通过互联网的电子商务可以把这些石子粘连起来，粘连起来的石子可以构成庞然大物，以小搏大，以快打慢，这样就可以与那些大企业的电子商务抗衡。

随后，马云创建了阿里巴巴网站。当时阿里巴巴在国内绝无仅有，在互联网行业开辟了一种崭新的商业模式。阿里巴巴网站注册一个月之后，便收到了高盛的五百万美元的风险投资基金。

马云用这五百万美元引进了大量的高级管理人才，整个阿里巴巴的高管团队除了马云之外全部都是MBA。

1999年底，马云和软银老总孙正义进行了单独谈判，并且获得了三千五百万美元的风险投资。

高盛和软银的眼光是正确的：阿里巴巴成立的当年，会员便接近九万人，第二年会员达到了五十万，第三年突破了百万，并且成为全球首家拥有超过百万会员的电子商务网站。

马云说出了自己成功的秘诀：

1. 第一就是有梦想。一定要有坚定的目标和理想，如果没有坚定的目标和理想，你就不会坚持下去。当初马云之所以发展电子商务，是因为马云坚信互联网可以改变中国，电子商务一定会有发展前景。

2. 第二就是坚持，永不放弃的坚持。很多人比我们聪明，比我们努力，为什么他们没有成功，因为他们没有坚持下去。

3. 第三就是不断学习。必须要跟着时代的潮流不断成长。

4. 第四就是做正确的事情，正确地做事情。成功一定要把握住正确的方向，如果方向错误了，你越是做得正确就失败得越快。当你选择了正确的方向之后，大力进行诚信建设，然后一直做正确的事情。

当你完全按照这四个秘诀去做，你会发现，赚钱不是目标，而是一种结果。

3. 张瑞敏与海尔

海尔首席执行官张瑞敏，带领海尔从一个亏空147万元的集体小厂发展成为全球营业额1509亿元的全球化企业，先后应邀登上了哈佛大学、哥伦比亚大学等世界一流大学的讲坛，荣获了《亚洲周刊》颁发的“企业家成就奖”，被评为“全球30位最具有声望的企业家”之一，并且成为了“感动中国”2002 年年度人物。

1984 年，张瑞敏担任青岛电冰箱总厂的厂长，开始了海尔的创业之路。当时，青岛电冰箱总厂只是一个小厂，年销售收入仅384万元，每年亏空147 万元，厂内的六百多名员工已经人心涣散。张瑞敏刚刚上任便提出“有缺陷的产品就是废品”这一理论，决定实行精品质量战略。

某天，有位客户想要从青岛冰箱总厂买一台冰箱，结果客户挑了很多台冰箱都有毛病。客户走了之后，张瑞敏派技术人员把库房里所有的冰箱全部检查了一遍，结果400多台冰箱里面有70多台冰箱都存在毛病。张瑞敏下决心整顿这种情况，他把所有的职工叫到了库房里面，宣布要把这些存在问题的冰箱全部砸掉。当时一台冰箱的价格相当于一名职工两年的工资。张瑞敏亲手砸掉了第一台冰箱，并且宣布谁生产有毛病的冰箱就由谁来砸掉。看着自己辛勤劳动的成果被砸掉了，很多工人流下了眼泪。张瑞敏说："有缺陷的产品就是废品。"此后，员工们做出的冰箱质量不断提升。三年之后，海尔获得了中国冰箱行业的"国家质量金奖"。

在张瑞敏的带领下，海尔连续做了七年的冰箱产品，然后将业务从冰箱领域扩展到了其他家电产品领域。当时很多业内人士认为以海尔当时的实力，不能做好其他产品，但张瑞敏提出了"东方亮了再亮西方"的战略，先把冰箱产品做好了，然后再去开发第二个家电产品，然后再做第三个家电产品，一步一步稳打稳扎，逐渐扩大业务领域。为了做好每一个领域的产品，张瑞敏每天至少工作十四个小时，并且要求员工每天做的都比昨天更好。海尔通过实施多元化战略，从冰箱领域的名牌扩展到了其他家电领域的名牌，兼并重组，迅速扩大规模。如今，海尔产品有九千多种，五十多个系列，其中冰箱、冷柜、洗衣机、空调等的市场占有率在全国排名中均属于前列。

为了使产品进入国外市场，张瑞敏在产品通过质量体系认证之后便将冰箱运往德国的检测机构进行质量检测。检测结果表明，海尔冰箱的质量位列第一名。海尔就是这样以高质量为依托打入了国外市场，实施国际化战略。海尔在美国建立工厂，同时在美国建立了设计中心，按照美国的审美角度对产品进行重新设计。海尔通过"本土化研发、本土化制造、本土化营销"三位一体的战略满足了国外用户的需求，打造出海尔的国际化名牌。

张瑞敏一直坚持品牌路线。他认为，品牌是一种创新的文化，是技术创新、产品创新和管理创新的差异化，把每一件简单的事做好就是不简单，把每一件平凡的事做好就是不平凡。进入互联网时代之后，海尔实施全球化品牌战略，抓住网络时代营销碎片化的机遇，开始了商业模式的转型，打造海尔在互联网时代的全球化品牌。

4. 马化腾与腾讯

腾讯公司控股董事会主席兼首席执行官马化腾，在互联网行业拥有二十多年的经验,一手缔造了腾讯QQ的辉煌帝国。2012年福布斯中国富豪榜单上,马化腾以403.2亿元位列第四。

马化腾小时候很喜欢天文,随着年龄的增大,马化腾逐渐对计算机产生了极其浓厚的兴趣。进入大学之后,马化腾选择了计算机专业,当时马化腾的计算机水准已经达到了学校内的顶尖水平，他可以为学校的计算机提供很好的解决病毒的方案,给学校机房管理员提供了很大的帮助。

在互联网普及之前,马化腾就对互联网产生了浓厚的兴趣。他曾经投入五万元在家里建立了一个网站,每天热衷于网站的管理和维护。正是在担任网站站长的这段时间里，马化腾发现自己对互联网有独到的见解和极大的热情。

大学毕业之后,马化腾在一家公司做软件工程师。他的工作内容主要是寻呼机软件的开发。由于专业技能过硬,工作踏实,马化腾做到了开发部主管的位置。开发软件让马化腾积累了很多经验，他明白了开发软件并不是为了自娱自乐，开发软件的意义是实用，并且要将软件技术推向市场。

马化腾凭借过硬的专业技术不断地为朋友解决软件问题，因此他在整个圈子内小有名气。1994年，马化腾进入了股市，凭借着良好的心态和敏锐的判断力，他在股市里赚取了百万资金。这些资金为马化腾日后的创业奠定了基础。

1998 年，马化腾创立了腾讯，主要是做有关互联网与通讯的业务。随后腾讯推出了QICQ业务，在QICQ推出十个月的时候，注册用户已经超过了一百万人。那时候QQ还没有盈利，大多数网民把QQ从互联网上下载下来之后再免费使用。由于QQ的维持需要给通讯局上缴服务器的费用，所以QQ 一直处于亏损状态。

创业初期，为了能够维持腾讯的运行，马化腾和自己的团队接下了各种业务，做网页、程序设计和系统集成，等等。由于那时候马化腾并不懂得市场运作规律，腾讯的产品经常被运营商拒之门外。

2000 年，第一场网络泡沫来临，腾讯面临着巨大的危机，这时候，QQ用户数量在不断增长，运营QQ的成本越来越大，因此马化腾想要把QQ卖掉。当时腾讯想以100万人民币的价格转手出让QQ，因此找到了中华网和新浪的高管层，不过被他们拒绝了。后来，马化腾拿着商业计划书找到了风险投资公司，并且拿到了220美元的风投资金。

有了风投资金之后，腾讯QQ迅速发展壮大起来，当时的QQ已经有了将近一亿的注册用户数量。这时候，马化腾与电信运营商合作，腾讯推出了QQ 秀、QQ会员等多种业务，通过手机代收费的协议实现了盈利。

与此同时，马化腾不断向自己竞争对手的优势业务学习——学习新浪的短信和铃声服务、学习网游的交友业务、学习盛大网络的网游业务。腾讯采取了一系列沉稳而内敛的攻势开拓互联网市场：2003年，腾讯开始做门户网站，与新浪、搜狐竞争；随后又开始做游戏，和盛大网络与网易竞争；2005年，腾讯开始在电子商务与在线支付方面投入，与阿里巴巴竞争；此后，腾讯又进入了搜索引擎领域，与百度竞争。

随着一系列接续不断的竞争与学习，腾讯成为了中国三家最大的综合门户网站之一、中国第二大C2C网站、中国最大的网上休闲游戏网站。腾讯的虚拟社区服务QQ空间的活跃用户数已经超过了美国著名的Facebook。目前在整个中国互联网行业中，除了腾讯之外，没有一家互联网公司能够在多种业务上同时领先。

腾讯每一次开拓业务的时候都会注意两个要点：第一，产品质量一定要过硬；第二，每一次开拓业务一定要把握好时机。

从外表上看来，马化腾是个沉稳而内敛的人，然而，马化腾掌控的腾讯公司却总是以压倒性的优势占据市场份额。腾讯只用了六年便成为了活跃用户最多的中文网上社区，这是马化腾缔造的光荣。

在经营腾讯的时候，马化腾一直把握着三个原则：

第一，对于自己经营的领域一定要擅长，技术方面一定要有着核心的竞争力，一定要高出对手一筹。

第二，开发软件的意义在于实用，如果你做了一个领域的项目，就一定要让用户能够从项目中得到便利。

第三，在自己所做的项目中一定要稳定地保持竞争优势。

5. 李彦宏与百度

李彦宏,百度公司创始人、董事长兼首席执行官,他创立的百度是全球最大的中文搜索引擎。2012年,李彦宏被评为福布斯全球亿万富豪榜第86位。李彦宏19岁考入北京大学,23岁到美国布法罗纽约州立大学学习计算机专业,31岁创建百度。如今百度已经成为了全球最大的中文搜索引擎,也是中国人最常使用的中文网站。

李彦宏在高中的时候就对计算机产生了极其浓厚的兴趣,参加了全国青少年程序设计大赛。1987年,李彦宏考入北京大学,学习信息管理专业,奠定了他在信息检索领域的知识技能基础。1991年,李彦宏考入了美国布法罗纽约州立大学计算机系。三年之后,李彦宏通过了博士论文,但是他主动放弃了博士学位,因为他觉得自己的兴趣是做实用的产品而不是学术研究。1996年,李彦宏将主要精力投入到搜索引擎产业,在网页排序方面的研究获得了美国专利。借着专利带来的名气,李彦宏到当时全球最棒的INFOSEEK搜索公司工作。

虽然公司的待遇和薪水很好，但是李彦宏觉得在公司内自己不能够获得太大的发展，因此他主动放弃了自己在公司内的丰厚待遇，毅然回国开始创业之路。李彦宏在事业方面有着极其强烈而清晰的方向感，在创业初期，他便专注于搜索领域，创立了“百度”网络搜索引擎公司。“百度”的名称来源于辛弃疾的《青玉案》，原句是“众里寻他千百度，蓦然回首，那人却在灯火阑珊处”。因为“百度”这个词语代表了中国本土的文化，同时也与搜索有关。

李彦宏创业的时候刚好赶上了互联网泡沫的破灭，当时许多人都不认同李彦宏的做法，但是李彦宏依然坚持做搜索引擎。他说：“我小时候有很强的不服输心理，越是大家不看好的事，我越是要做成。”

创业初期，李彦宏的工作地点就是北大资源楼的两个小房间。他专注于搜索领域的技术开发，由于此时的李彦宏拥有大量的与搜索引擎技术相关的经验，所以他获得了风险投资商一百二十万美元的风险投资。当时百度主要是为其他网络企业提供中文搜索服务，新浪、网易等国内的门户网站很快便看中了百度的技术，并且支付了技术服务费给百度。

李彦宏专注于搜索领域的技术细节。他按照中国人固有的网络搜索习惯让被点击的搜索结果在新窗口打开，并且提供了MP3音乐免费搜索下载服务，正是这些细节使百度在中国获得了本土化竞争的成功。

随后，李彦宏开始进入竞价排名广告领域。他召开了竞价排名业务全国代理大会，并且在全国近百个城市开展竞价排名付费搜索推广活动，使百度竞价排名广告业务迅速发展，获得了巨大的市场反响。百度广告达到了“一字千金”的程度，创造了中国网络广告的最高价格。

李彦宏一直强调中文本土化，使搜索引擎更加专注于中文领域。他尽量满足网民上网搜索的各种需求，提供了“百度MP3”下载搜索服务、“百度贴吧”虚拟社区服务、“百度知道”问答服务。百度提供的服务适应了中国市场和中国文化。比如说，“百度贴吧”按照帖子的话题分类，可以根据不同的话题来进行虚拟社区讨论；“百度知道”回答了将近两千万个话题，是全球最大的互动问答平台,成为对中国网民最具有吸引力的产品之一。

创业者在创业过程中除了自身因素之外，需要掌握一些关键性的技巧和方法。李彦宏和百度的成功因素中,有以下要点值得借鉴:

第一,目光要长远。李彦宏放弃了美国的博士学位,进入了很少有人涉足的网络搜索引擎领域，因为他预测到搜索引擎在未来网络中的重要性。因此,年轻人一定要有长远的目光,不要盲目跟风。

第二,少许诺,多做事。李彦宏是一个非常稳重的人,他的产品质量非常高。

第三,专注于自己擅长的领域。从百度成立一直到现在,无数互联网公司涉足“网络游戏”“虚拟社区”等多个领域,然而李彦宏始终专注地做搜索领域技术开发。他说:“搜索领域之内还有很大的潜力,我现在只是专注于搜索,将这个领域不断地深层次挖掘。今后的很多年内,百度将始终专注于搜索领域。”

第四,保持创业的热情。在创业过程中,绝对不可能一帆风顺。如果没有足够的热情,那么你不可能坚持下去。李彦宏说:“当初我放弃博士学位进行创业并不只是为了钱,而是真的出于对搜索引擎行业的热爱。我小时候有很强的不服输心理,越是大家不看好的事,我越是要做成。我一直坚信:在这个社会,只要你能够给社会提供好的产品,社会一定会给你更好的回报。”

6. 陈天桥与盛大

穷小子想要发财，需要具备两点关键的素质：第一是专注，第二是节奏。在创业初期，想要创业的穷小子可能会有很多想法和创业方向，然而，鱼与熊掌不可兼得，多元化的发展只会使企业变得平庸，穷小子需要寻找一个最适合的创业方向，然后集中所有的优势，专注地在某一个方向上进行突破。

盛大网络董事长兼首席执行官陈天桥说，自己和绝大多数的中国青年有相同的爱好，喜欢玩游戏，但是自己最大的特点就是玩什么都要玩出花样玩出名堂，当年自己就是在游戏中玩出创业灵感的，并且专注于游戏，把握好创业节奏，从而实现了自己“传奇”之旅的致富梦想。

陈天桥曾经在央视的节目中剖析过自己的成功经历，他说：“我自己发财所具备的两点关键素质就是专注和节奏，只有专注才能够抵制住各种各样机会的诱惑，只有把握好节奏才能够快速突破创业初期的种种问题，实现财富梦想。”

1999年，当时年仅26岁的陈天桥在一套三室一厅的屋子里创立了盛大网络,并且打造出了网络虚拟社区“天堂归谷”。由于陈天桥所创立的盛大网络有着极大的发展潜力,所以,在2000年,盛大网络很快引起了中华网的注意,并且顺利获得了中华网300万美元的注资。

此时的陈天桥,志得意满,准备多方面发展盛大网络。在他的带领下,盛大网络涉足网上动画、通讯软件、互动社区等多个领域,整个盛大网络进入了盲目的发展状态。

盲目发展的恶果很快便呈现了出来。由于发展项目过多,无法集中优势资金专项突破某个领域,整个盛大网络陷入了极大的困境之中。

这时,陈天桥终于意识到自己的错误,他说:“只有专注的企业才能获得成功,多元企业虽然可以存活,但是很难获得较大的发展。”

于是,陈天桥开始寻求改变。就在此时,一直喜爱玩游戏的陈天桥注意到了一款叫做《传奇》的游戏。他看中了这款游戏的发展潜力,并且向中华网的投资方提出建议,希望中华网的投资方可以投资这款游戏。

然而,当时投资方认为这款游戏到年底不可能赚钱,所以并没有同意陈天桥的建议。

因此,陈天桥和中华网的合作结束了,合作结束之后,陈天桥所创建的盛大网络只剩下30万美元的股份。陈天桥用这30万美元的股份购买了《传奇》的海外版权。

签订完了版权协议之后,陈天桥已经一分钱都没有了。然而,此时《传奇》游戏的运营才刚刚开始,需要服务器和网络带宽方面的资金,运营推广方面也需要资金。

此时此刻,除了《传奇》的海外版权,陈天桥一无所有。

陈天桥成了一个地地道道的穷小子。

面对此刻整个公司面临的困境,陈天桥迅速做出决定,他把握住了公司发展的节奏,将50名员工迅速裁员,只留下20人,并且裁员之后剩下的所有员工全部都拿八折的工资。

此时的陈天桥手上有一大堆的问题需要解决。

为了解决《传奇》运营的硬件设施问题，陈天桥拿着与韩国传奇公司签订的国际正规合约，找到了浪潮和戴尔等公司。陈天桥说自己需要运作韩国人打造的《传奇》游戏，想要申请试用硬件设施两个月。当时浪潮和戴尔等公司看到陈天桥所拿的国际正规合约之后，便同意了陈天桥的申请。接着，陈天桥又以同样的方式找到了中国电信，获得了两个月测试期的免费带宽。

解决了带宽和硬件设施的问题之后，陈天桥所需要解决的就是游戏点卡问题。

他找到了当时国内顶尖的单机游戏分销商，代销盛大《传奇》游戏点卡，分成是百分之三十。

陈天桥以完美的速度和节奏迅速解决了《传奇》游戏公测前所面临的一系列问题。

他说，创业初期，盛大公司每天都面临着无数的危机，如果没有合理地把握好各个环节，如果没有合理地把握好节奏，哪怕是一个细微的环节出现错误，整个盛大公司都会垮掉。正是凭借对于节奏的精准把握，盛大公司才顺利运营并公测了《传奇》游戏。

《传奇》游戏开始公测并且于两个月后正式收费，突破了同时在线人数40万大关，全国点卡热销，所有的资金迅速回拢，使盛大公司度过了创业初期最困难的那段时光。

此时，距离陈天桥和韩国传奇游戏的发行商签约仅仅四个月的时间，盛大正是靠着极快的节奏度过了创业初期的巨大危机，并且获得了成功。

快节奏已经成为了陈天桥的招牌动作。他先后收购了国内外的数十家公司，仅用43天就收购了新浪19.5%的股票，曾经创下两个月内快速完成六次资本运作的纪录。

陈天桥说:“熟悉我的人知道,我并不是特别喜欢钱的人。我之所以拼命挣钱,就是为了证明自己的价值。”

任何想要创业的穷小子都会有自己的灵感和方向，并且在创业初期对于未来充满信心。但是穷小子最容易犯的错误就是使自己的创业方向朝着多元化发展,这样很难获得成功。在创业的领域中,专注是第一美德,穷小子需要认准一个目标,然后全力以赴,并且把握好各个环节的节奏,这样才可以使企业迅速渡过创业初期的险滩,获得成功。